EXAMEN ET DESCRIPTION

DES RUCHES ANCIENNES ET MODERNES.

PRÉFACE

Trop souvent des apiculteurs, notamment les débutants, se passionnent pour telle ou telle forme de ruche à l'exclusion de toute autre. Et cependant il n'en existe pas d'absolument mauvaise. Nous avons écrit, dans l'*Apiculteur* et ailleurs, que la ruche est à la culture des abeilles ce que la charrue est à la culture des champs : celle qui convient dans une localité et pour tel mode de conduire les abeilles peut convenir moins pour une autre localité et pour tel autre mode. Les Allemands ont dit que la meilleure ruche est celle dont on sait le mieux se servir. Cette définition n'est pas rigoureusement exacte ; mais elle est vraie en ce sens que l'on tire souvent meilleur parti de la ruche défectueuse que l'on sait conduire que d'une ruche améliorée dont on ne fait usage que pour la première fois.

Aussi l'adoption d'une ruche nouvelle ne doit être faite qu'après des essais et des études qui mettent au courant de son emploi et de tous les avantages qu'on peut en tirer. Les amateurs de ruches ne procèdent pas toujours ainsi ; ils adoptent d'emblée une ruche dont la description les frappe, une ruche qui leur promet monts et merveilles, et ils n'en retirent, la plupart du temps, que des déceptions qui leur font abandonner la culture des abeilles qu'ils auraient continuée sans cela. Tels sont les services qu'ont rendus à l'apiculture un certain nombre de ruches vantées aux quatre coins de l'horizon comme étant les plus rationnelles qu'on aie vues jusque-là, et comme devant produire des fleuves de miel.

L'étude des ruches anciennes et modernes, publiée dans l'*Apiculteur*, en une suite d'articles que nous réunissons, contribuera, nous l'espérons, à éviter des illusions, et aidera sur le choix à faire et sur les modifications à apporter. C'est surtout à ces derniers points de vue que nous nous sommes décidé à publier à part le travail de M. Buzairies, que nous avons annoté. Le lecteur ne devra pas s'étonner si, parfois, il rencontre une divergence d'appréciation sur certains points d'application ; c'est que nous avons jugé, l'un plus par les règles de la théorie, et l'autre plus par les faits confirmés par la pratique.

Pour éviter la confusion, nos notes sont intercalées et composées en caractères plus petits que le texte du sujet principal. Nos notes en renvois sont accompagnées de nos initiales H H.

NOTA. Les dimensions des ruches anciennes étant données en aunes, pieds, pouces et lignes, on se rappellera que l'aune équivalait à 1 mètre 20, le pied à 33 centimètres, le pouce à 0.028 la ligne à 2 mill. 1/3.

H. HAMET.

EXAMEN ET DESCRIPTION

DES

RUCHES ANCIENNES ET MODERNES

---

§ 1. — CONSIDÉRATIONS GÉNÉRALES.

I. — La forme des ruches a été variée de diverses manières; pendant le cours du demi-siècle qui vient de s'écouler on l'a soumise à des modifications presque innombrables. Ces modifications se trouvent décrites dans des opuscules, dont quelques-uns sont devenus fort rares, et on aurait peine à les réunir aujourd'hui pour en faire une étude complète. L'histoire de ces variétés de formes aurait cependant son utilité, et voici pourquoi : il est des apiculteurs qui, peu satisfaits des ruches les plus répandues, se livrent bien souvent, et sans succès, à des recherches pour découvrir une nouvelle forme de loges qui puisse mieux répondre à leurs désirs.

D'autres propriétaires d'abeilles, après s'être persuadés que le but poursuivi par eux était atteint, n'ont découvert presque toujours que des variétés de forme déjà connues, ou bien des modifications auxquelles on avait déjà donné ailleurs un plus haut degré de perfection.

Enfin il est des propriétaires qui, au moment de se livrer à la culture des mouches à miel, voudraient donner la préférence aux formes de loges le mieux adaptées aux besoins de leur pays, et qui, faute de connaître celles qui ont été proposées, se trouvent dans l'impossibilité de faire un choix motivé.

S'il en est ainsi, c'est, comme je l'ai dit plus haut, parce que l'histoire des ruches n'a pas été faite d'une manière complète, ni présentée même sous un point de vue convenable. Cette lacune, je voudrais essayer de la combler; il est inutile de faire observer que je passerai légèrement sur les variétés de formes sans importance et que j'insisterai seulement sur celles qui peuvent offrir quelque avantage.

II. — Avant de décrire les diverses ruches, tant anciennes que modernes qui sont aujourd'hui connues, il est bon d'indiquer les conditions qu'il est nécessaire de trouver réunies dans chacune d'elles, si on veut pouvoir espérer de les faire accepter par les apiculteurs.

Une ruche, soit par sa forme, soit par la matière qui sert à la former, doit favoriser la conservation des mouches à miel et celle de leurs produits; — elle doit rendre la dépouille facile au propriétaire et sans danger pour les insectes qui y établissent leur résidence; — elle doit aussi permettre de faire usage des procédés d'une culture perfectionnée; ces procédés sont la formation d'essaims artificiels, la réunion de petites peuplades et les récoltes partielles; enfin il importe que sa construction soit simple, durable et peu dispendieuse.

Parmi ces conditions, il en est deux qui priment toutes les autres; je veux parler de la simplicité de la forme et du bas prix de construction. Trop souvent les inventeurs de ruches, préoccupés d'une idée pratique qui leur souriait, construisaient des loges pour les abeilles qui pouvaient en rendre l'application facile, mais qui étaient trop chères ou trop compliquées. C'est à ces deux défauts qu'il faut rapporter l'abandon ou la rareté dans les cultures rurales de plusieurs vieilles ruches qui avaient néanmoins quelque chose d'utile.

III. — Ceci posé, passons à l'examen de quelques questions qui se rapportent à la forme des loges pour les abeilles.

Est-il indifférent que le corps de ruche soit rond ou carré? — Est-il indifférent de le placer verticalement ou bien sur un plan horizontal? — Faut-il que l'intérieur du corps de ruche soit visible à volonté ou bien qu'il soit dépourvu d'ouvertures pour être visité? — Faut-il qu'il ait des dimensions fixes ou variables? — Enfin doit-il être composé d'une seule ou bien de plusieurs pièces? Telles sont les questions sur lesquelles je dois m'arrêter un instant.

— La forme ronde, ou cylindrique, a une influence bien marquée sur la température des loges pour les abeilles. Cette influence se montre d'une manière plus apparente lorsque les surfaces intérieures des cylindres sont polies et de couleur blanche. La physique prouve, en effet, que les rayons de chaleur partant de l'axe du cylindre, point coupé par l'essaim d'abeilles, par la mère et le couvain, vont se réfléchir sur les surfaces concaves, en formant un angle d'incidence égal à l'angle de réflexion. En vertu de cette loi, les rayons caloriques émanés du centre de la ruche, et réfléchis sur ses parois, reviennent au centre par le rayonnement. Cette marche devient même plus facile si les rayons de chaleur tombent sur des surfaces blanches et polies. Il n'en est plus ainsi dans les loges carrées; les rayons caloriques qui y partent du centre vont tomber sur les parois, et ils se réfléchissent des uns aux autres sans jamais revenir vers l'axe du cylindre. De là, il arrive que la température est plus variable dans l'intérieur des ruches carrées, et surtout vers leur partie centrale, que dans les ruches arrondies. Il peut devenir utile de tenir compte de cette loi du rayonnement de la chaleur dans les pays où l'on éprouve fréquemment des variations brusques de température. (*V. Appendice*).

Déjà Fontenay (1) avait constaté que la forme cylindrique des corps de ruche concentrait mieux les rayons caloriques que la forme carrée, et il lui avait donné la préférence. L'exemple de Fontenay doit être imité lorsque la forme ronde n'est pas impossible et qu'elle peut se concilier avec d'autres conditions plus importantes.

— Quoique les abeilles puissent travailler à leurs constructions en cire dans quelque position qu'on veuille les placer, on peut néanmoins remarquer que quand aucun obstacle ne vient s'y opposer, elles préfèrent édifier les compartiments des cellules en se dirigeant du haut de la ruche vers la partie inférieure. Voilà un premier motif pour donner à ces habitations une direction verticale. Il en est encore d'autres qui semblent la réclamer : lorsque la ruche est posée verticalement, les produits des abeilles sont mieux séparés, et on éprouve moins de difficultés pour les détacher, sans ouvrières ou sans couvain, à l'époque de la récolte. Les loges couchées ont l'inconvénient grave de trop rapprocher du sol le miel, la cire, les embryons, et de les exposer à souffrir tantôt de l'humidité, tantôt du froid, comme le faisait observer avec raison un apiculteur distingué (2). Ajoutez que dans ce cas on éprouve plus de difficultés à nettoyer le tablier, et que les vapeurs liquéfiées qui y ruissellent quelquefois au printemps et à l'automne, donnent naissance à des maladies d'un caractère meurtrier. — Tous ces motifs sont bien suffisants pour engager à donner une direction verticale au corps de ruche.

— Quelques propriétaires d'abeilles ont eu peu de peine à s'apercevoir des inconvénients attachés aux loges complétement closes; ils ont vu

(1) *Manuel des propriétaires d'abeilles*, 1829, page 61.
(2) Faburier. *Traité sur les abeilles*, 1810, page 171.

qu'il était impossible à l'homme le mieux exercé aux dépouilles de proportionner la récolte aux provisions renfermées dans chaque loge et de ne pas compromettre, sans s'en douter, l'existence de plusieurs peuplades; ils ont également vu qu'il était impossible d'apprécier exactement le degré de prospérité des peuplades renfermées dans des habitations sans ouverture, et de leur venir en aide au moment le plus opportun. Presque toujours, on agit en aveugle, par approximation ou d'après des données souvent trompeuses.

On a cherché, il est vrai, à faire disparaître cet inconvénient en plaçant des volets sur les côtés des loges (Palteau); d'autres fois, on a voulu s'enquérir du degré de prospérité des peuplades par le poids de leur habitation (Serain), sans songer que le poids absolu d'une ruche ne peut faire connaître le poids relatif du miel, de la cire et des abeilles; enfin Delavabre, de Murphy (1), Martin de Corbeil (2) et d'autres apiculteurs dont le nom est moins connu, ont cherché à atteindre le même but en construisant des loges dont l'intérieur pouvait être visité à volonté. Malheureusement les projets qu'ils avaient en vue n'ont été réalisés qu'en faisant naître des inconvénients d'une autre espèce qui avaient plus de gravité que les premiers.

Dans certains cas, c'est pour satisfaire une pure curiosité qu'on a fait construire des ruches dont l'intérieur pouvait être facilement visité. On en trouve la preuve chez ce sénateur romain qui, d'après le témoignage de Pline, fabriqua une ruche en corne transparente, afin de contempler sans danger les travaux des mouches à miel. D'autres fois, c'est pour étudier plus aisément les mœurs de ces insectes, qu'on a fait construire des ruches vitrées. Telle était celle de Cassini, placée au Conservatoire de Paris, et dont Maraldi se servit pour faire ses ingénieuses recherches.

Ce que je viens de dire montre clairement combien il est avantageux, même dans les cultures rurales, de donner la préférence aux loges dont l'intérieur peut être visité sans difficulté.

— On a cru pendant longtemps qu'il était nécessaire de proportionner la capacité des ruches au volume des essaims appelés à y établir leur résidence, et qu'il fallait, par suite, avoir des loges de dimensions variables. Depuis peu d'années, on s'est assuré que c'était là une règle de pratique vicieuse (Martin de Corbeil); et qu'il fallait mettre tout en œuvre pour

(1) La *Nouvelle ruche à miel du mois de mai*. 1822.
(2) *Traité sur les ruches à l'air libre*. 1826.

ramener les essaims à un volume à peu près uniforme, en s'aidant de réunions artificielles. Lorsqu'on agit ainsi on évite le dépérissement et le pillage des petits essaims, on se dispense du soin de les nourrir pendant l'hiver et de s'astreindre à une surveillance qui ne donne que bien peu de profit au moment de la dépouille. Il est reconnu aujourd'hui qu'un petit nombre de peuplades volumineuses fournissent plus de miel et de cire qu'un grand nombre de colonies peu riches en insectes. On ne doit donc pas s'attacher à compter beaucoup de peuplades en fournissant un asile séparé à chaque essaim qui se montre; il faut au contraire s'en tenir à un nombre moindre, et opérer des réunions jusqu'à ce que les essaims qu'on veut conserver soient amenés à un volume à peu près uniforme.

Après plusieurs essais, on s'est assuré que les dimensions suivantes sont celles qu'on doit généralement préférer : hauteur de la ruche, 65 centimètres; diamètre intérieur, 35 centimètres. Ces proportions sont celles qu'on adopte lorqu'on tient à obtenir à la fois une récolte en miel et des essaims. Si on voulait s'en tenir à une récolte en miel, il faudrait alors donner aux loges une capacité plus grande. L'expérience a prouvé qu'en élargissant l'habitation des abeilles, on arrive à réduire le nombre des migrations et à augmenter les produits mielleux; à l'inverse, en réduisant la capacité des ruches, on obtient un plus grand nombre de migrations, et on récolte moins de provisions sucrées ou cireuses.

On ne saurait établir la même capacité de ruches pour toutes les localités. Chaque canton, selon qu'il se trouve au midi ou au nord, qu'il est mellifère ou non, doit avoir sa grandeur particulière. Ici la capacité moyenne doit être de 40 litres, tandis qu'ailleurs elle ne sera que de 20 litres. Quelques cantons du nord n'obtiennent aucun résultat avec des ruches jaugeant plus de 18 litres, tandis que d'autres du midi en obtiennent de satisfaisants avec des ruches jaugeant 60 litres. Dans le Gâtinais, par exemple, la capacité la meilleure est de 30 à 35 litres, et dans le Calvados, de 20 à 25 litres.

— Presque tous les apiculteurs, ceux surtout qui sont les plus intelligents, s'accordent à reconnaître qu'il est plus avantageux de diviser une ruche en plusieurs compartiments que de la former d'une seule pièce. Si on tient à avoir des essaims artificiels, à réunir les petites peuplades, à faire aisément et sans danger pour les abeilles la récolte de la cire et du miel, à renouveler successivement les produits déposés dans chaque loge, on ne peut guère atteindre un but aussi complexe qu'en faisant usage de ruches à compartiments. Puisque les loges ainsi disposées offrent des avantages dignes d'être pris en considération, c'est à elles qu'il faut donner la préférence. D'ailleurs il en coûte fort peu pour diviser une ruche en plusieurs compartiments, et cette division ne nuit en aucune manière à la simplicité de la forme.

— J'arrive maintenant à la description des loges pour les abeilles. Quel est le plan qu'il convient d'adopter pour en faire une étude profitable? Faut-il décrire chaque ruche en suivant l'ordre de son apparition, ou bien faut-il classer toutes les ruches d'après les données que je viens d'indiquer, en les rapprochant d'après les traits de ressemblance qu'elles peuvent offrir? C'est à cette dernière méthode que je crois devoir donner la préférence, soit pour éviter des répétitions inutiles, soit pour rendre plus facile pour le lecteur l'appréciation de chaque système de loges. Voici dans quel ordre ces divers systèmes vont être étudiés : dans un premier groupe, je réunirai toutes les loges à un seul corps, ou sans compartiments; dans un second groupe, viendront se ranger les loges plus compliquées, celles qui ont des hausses ou bien des compartiments; puis, je formerai de nouveaux groupes en prenant pour base d'autres caractères distinctifs. Le tableau suivant résume l'ensemble du plan que je me suis tracé :

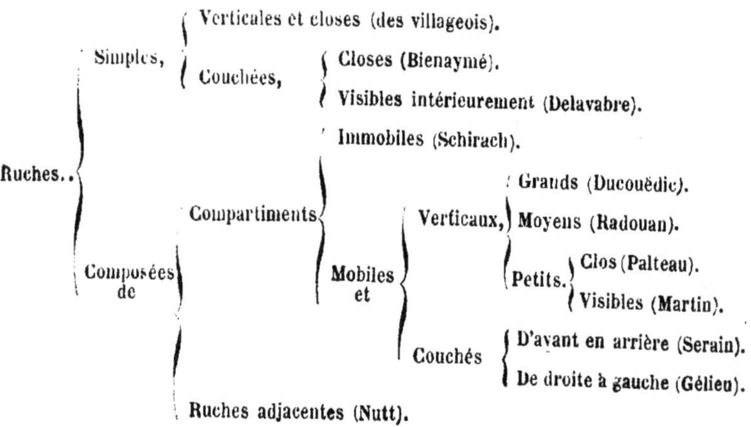

§ 2. — DES RUCHES SIMPLES OU A UN SEUL CORPS.

IV. — Les ruches d'une seule pièce sont les plus anciennes; ce sont celles que les cultivateurs ont de tout temps préférées. Il en a été ainsi parce que ces loges sont d'une forme simple, et que leur prix n'est guère élevé; cependant les inconvénients qui leur sont attachés auraient dû les faire abandonner.

Dans les ruches à un seul corps la dépouille a lieu le plus souvent par la partie supérieure, et d'autres fois par celle qui touche le sol. En exécutant cette opération, on brise les rayons de cire; le miel coule dans la ruche, et on en inonde les abeilles; les insectes couverts par ce liquide parviennent rarement à s'en débarrasser; si la mère est engluée, elle succombe infailliblement, et cette série de contre-temps se renouvelle à chaque récolte. Il faut dire encore qu'en s'aidant de la fumée, on a peine à maîtriser la fureur des abeilles; ces insectes courroucés se précipitent brusquement sur tout ce qui les entoure; les uns se jettent au milieu des débris de rayons qui leur restent; les autres courent en foule sur la part qu'on s'est faite et sur l'opérateur lui-même.

Il s'agit ici de la récolte par la *taille*. Mais on ne récolte ainsi que dans le midi et dans quelques cantons du centre.

Presque toujours on agit en aveugle ; tantôt on enlève trop de miel, et tantôt on en prend moins qu'on ne pourrait le faire ; dans tous les cas, le plus grand désordre succède à la dépouille, et les abeilles ont peine à le réparer. Sur un point, elles rencontrent des rayons mutilés, ébranlés, détachés ; sur un autre, le miel coule à flots et englue les édifices inférieurs. Les ruches ainsi maltraitées restent longtemps languissantes, quand elles ne succombent pas pendant le premier hiver qu'elles ont à traverser. Ajoutez que l'opération ainsi faite est longue, pénible pour la personne qui l'exécute, et que la qualité du miel et celle de la cire se ressentent du mélange qu'on fait de toutes les matières contenues dans la ruche. Il faut dire aussi que l'extraction des rayons placés à la partie centrale est fort difficile, et que ces rayons, en vieillissant, nuisent, tôt ou tard à la prospérité des peuplades. Si pendant la dépouille on enlève une partie des embryons, on diminue le nombre des jeunes insectes et on altère la qualité du miel, ou bien celle de la cire. Ajoutez, enfin, que dans les ruches d'une seule pièce, on éprouve de grandes difficultés à obtenir les essaims artificiels et à opérer des réunions; on ne peut guère aussi arrêter l'essaimage ou le retarder lorsqu'on le désire. Ce sont là des inconvénients qu'il importe cependant d'éviter.

Dans les localités du nord où l'on n'étouffe plus les abeilles, on récolte totalement les ruches communes après en avoir chassé les abeilles. Souvent, on commence par pratiquer un essaim artificiel à l'aide de la chasse, ce qui n'est pas trop difficile avec les ruches en cloche dont la capacité n'est pas démesurément grande, et vingt et un ou vingt-deux jours après, on chasse entièrement la ruche à récolter qui n'a plus alors de couvain au berceau (V. le *Cours d'apiculture*, pour la manière d'opérer).

Je passe à la description des ruches d'une seule pièce ; je ne parlerai que de celles qui ont été généralement adoptées.

V. *Ruches simples, verticales et closes.* — Les villageois, soit des temps anciens, soit des temps modernes, ont tous fait usage d'une ruche à un seul corps vertical et clos. Ces loges sont les unes formées avec de l'osier, fig. 1, ou de la paille, fig. 2 ; les autres avec du liége, fig. 3, ou

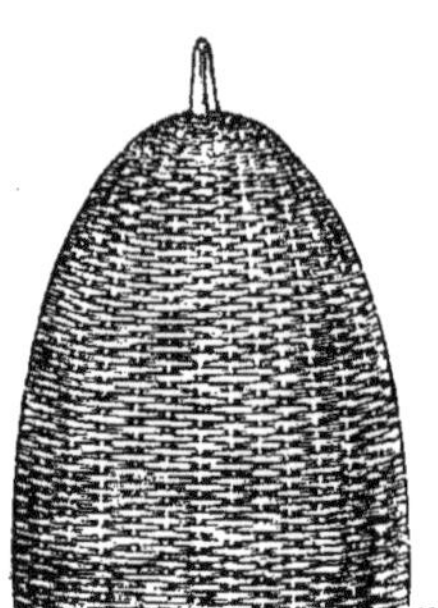

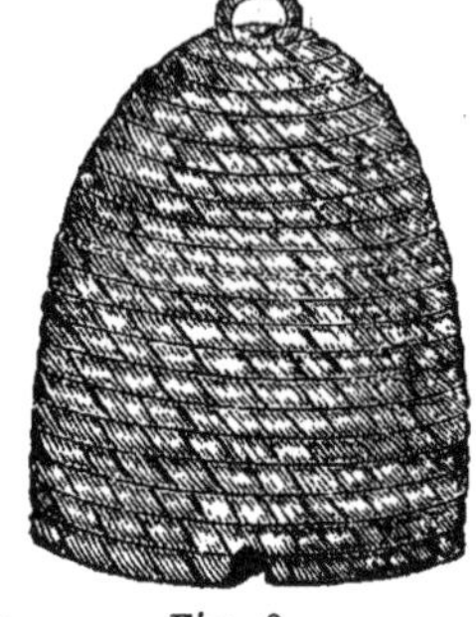

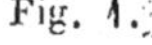

Fig. 1. Ruches communes. Fig. 2.

des planches, fig. 4. Il en est aussi qui sont en terre cuite ou en maçonnerie. Les ruches en bois sont tantôt carrées et tantôt cylindriques ; on forme ces

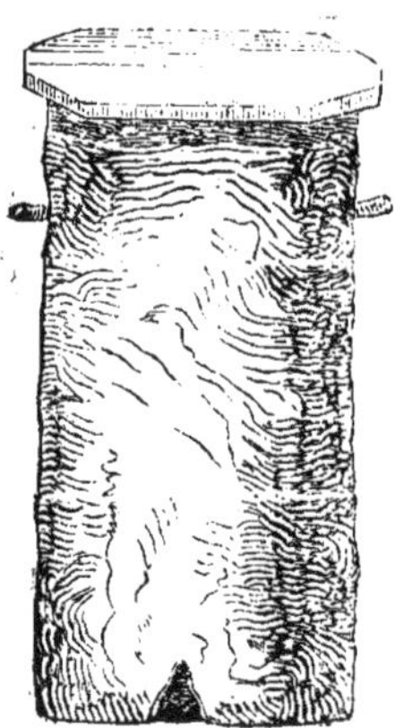

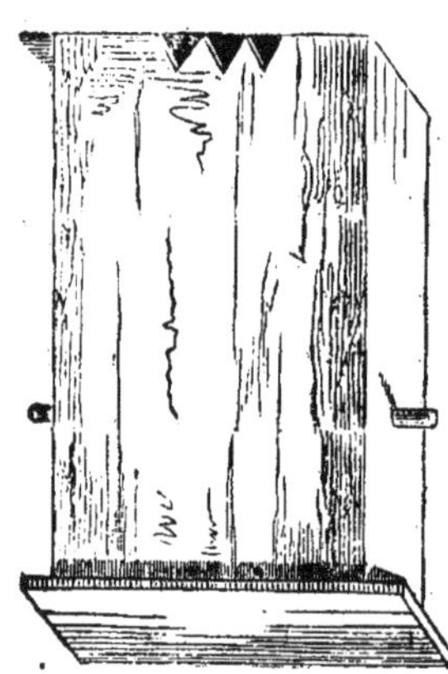

Fig. 3. Ruches communes. Fig. 4.

dernières avec le tronc creusé d'un vieil arbre ; des planches plus ou moins épaisses, attachées par leurs bords, servent à former les premières. Les ruches en bois et en liége ont leur couronnement supérieur terminé par un plancher horizontal ; les ruches en paille et en osier ont leur extrémité supérieure terminée par un plancher bombé ou en demi-sphère.

Les ruches en poterie resssemblent à celles en bois de forme cylindrique ; celles en maçonnerie ont quelque rapport avec celles en bois de forme carrée. Vers le milieu de ces diverses loges, les villageois sont dans l'usage de placer deux ou quatre bâtons en croix qui servent à fixer les constructions cireuses, et à indiquer à l'apiculteur le point qu'il ne doit pas dépasser au moment de la dépouille.

— L'auteur d'un *Traité sur les abeilles,* imprimé à Bruxelles en 1672, donne le modèle d'une ruche en paille d'une seule pièce, dont la forme est conique. « Il faut, dit cet auteur, que les ruches aient cinq quarts » d'aune de hauteur ou de longueur, et trois de circonférence ou de » rondeur. Celles qui sont faites de cette mesure et de cette manière sont » estimées les meilleures dans le Brabant. »

— L'auteur d'un autre *Traité sur les mouches à miel*, dont la deuxième édition a été imprimée à Paris, en 1697, chez Jean Musier, donne le modèle d'une ruche en paille d'une seule pièce, analogue à celle adoptée dans le Brabant. Cet apiculteur en parle de la manière suivante : « Les » paniers ou ruches de paille, sont approuvés partout, coûtent moins, » sont chauds et secs, n'engendrent rien de nuisible aux mouches; ils » résistent mieux aux mauvais temps et à la pluie, la chaleur y est moins » à craindre.....

» Les ruches doivent être au moins d'un tiers plus longues que larges ; » le dessus doit être en voûte. Les grandes ruches doivent avoir 15 pouces » de large et 23 de hauteur; les moyennes 13 de large et 20 de hauteur ; » les petites 11 de large et 17 de hauteur. Il faut avoir de ces trois sortes » de ruches et les donner aux essaims à proportion de leur grosseur. »

— Simon, dans son *Gouvernement des abeilles*, imprimé à Paris, en 1758 (3e édition), préfère, lui aussi, les ruches en paille à un seul corps, et voici ce qu'il en dit : « Les abeilles se plaisent donc plus dans les » ruches de paille que dans les autres, y étant plus fraîchement pendant » l'été, et plus chaudement pendant l'hiver que dans toutes autres ru- » ches... La grandeur des ruches doit être proportionnée et raisonnable ; » on ne doit faire les plus grandes que de 20 à 22 pouces de diamètre » sur 2 pieds de hauteur... et faire les moindres à proportion. » Et ailleurs, le même auteur a le soin de fixer ces proportions : « On doit faire, » dit-il, des ruches de plusieurs grandeurs pour les donner aux essaims » plus ou moins peuplés; les grandes ruches seront de 15 à 18 pouces de » diamètre sur 23 à 24 pouces de hauteur ; les moyennes ruches auront » 14 à 15 pouces de diamètre sur 20 à 21 pouces de hauteur ; et les pe-

» tites ruches n'auront que 13 pouces de diamètre sur environ 17 à 18 » pouces de hauteur. »

— Lagrenée, dans son *Art de gouverner les abeilles,* publié en 1784 (2e édition), adopte, lui aussi, les ruches coniques en paille, à un seul corps, et il repousse toutes les tentatives qui ont pour objet de modifier cette forme. Voici en quels termes il en parle : « Les spéculatifs d'au- » jourd'hui, qui s'exténuent à chercher de nouvelles constructions de » ruches propres à châtrer plus facilement les abeilles, semblent donc » vouloir nous ramener à la méthode des anciens. Mais leurs nouvelles » inventions, loin de parer aux inconvénients des anciennes, les aug- » mentent.... Elles sont plus préjudiciables qu'utiles, et il est à désirer » que les gens de campagne ne les adoptent pas. » Quant aux dimensions des ruches de Lagrenée il n'en est rien dit dans son livre, et il est probable qu'il adoptait celles en usage chez les villageois de son pays.

— Zeghers, dans un mémoire couronné en 1779 par une académie de Bruxelles, décrit la ruche qui lui a paru préférable de la manière suivante : « Ma ruche, dit-il, est faite de paille de seigle tressée ; mais, au » lieu d'être ronde et terminée en dôme, elle forme un carré-long de 24 » pouces de hauteur sur 12 de large. Les deux extrémités sont terminées » chacune par un couvercle carré et mobile fait avec la même matière; » les dimensions de ces couvercles sont telles, qu'ils entrent dans les » bords de la ruche de l'épaisseur de 3 à 4 lignes, et je les y arrête au » moyen de quelques pointes de laiton, que je retire chaque fois que je » veux découvrir ma ruche.

» Les deux bords, tant supérieur qu'inférieur, sont cousus avec du fil » de laiton de 3 à 4 pouces de hauteur. Le couvercle supérieur s'attache » de la manière que je viens de dire; l'inférieur ne s'attache point, » sinon que la ruche doive être transportée ou retournée ; c'est ce que je » fais après 3 ou 4 ans de service, c'est-à-dire lorsqu'une ruche a servi » si longtemps que la cire est en danger d'être gâtée. Ma ruche carrée me » procure encore la facilité de pouvoir la dégraisser tant du haut que du » bas, sans altérer l'ouvrage des abeilles. Veux-je la dégraisser du bas? » je la retourne de bas en haut; faut-il la châtrer du haut? je détache le » couvercle supérieur, et je m'empare de tout ce que je juge pouvoir leur » enlever. »

— Lopinet, dans son *Traité de l'éducation des abeilles,* imprimé à Nancy en 1813, avait adopté les ruches à un seul corps, et il exprime sa pensée sur ce point en ces termes : « Les ruches qui me paraissent les

» plus convenables sont les ruches de paille ordinaire; ce sont les plus » anciennes, les plus employées, les plus convenables à tous les climats, » les moins dispendieuses, les plus faciles à mouvoir, les plus conformes » à l'instinct des abeilles.

» Si on morcèle l'habitation des mouches en leur donnant des appar- » tements séparés, on rend leur communication plus difficile et moins » rapide; et puisqu'elles ne forment qu'un seul rassemblement, une » société unique, il leur faut un logement d'une seule pièce.... Plusieurs » amateurs donnent à leur ruche la forme à peu près cylindrique; je la » crois la plus propre à la multiplication.... Il est bon d'avoir des ruches » de différentes capacités, afin de donner aux essaims, qui ne sont pas » toujours de la même force, un logement proportionné. »

— Desormes, l'auteur d'un *Traité élémentaire sur le gouvernement des abeilles*, dont la 3e édition a été publiée à Paris en 1837, donne encore la préférence aux ruches à un seul corps, et il en dit ce qui suit : « La » seule ruche qui soit préférable à toute autre est la ruche d'une seule » pièce, ou la ruche perpétuelle que j'ai inventée en 1835; il faut espérer » que les amateurs en reviendront là, car il n'est point de prospérité » pour les abeilles, et nul bénéfice pour le propriétaire, sans l'une ou » l'autre de ces ruches. »

Cet apiculteur, sans s'apercevoir qu'il allait tomber dans une contradiction manifeste, ajoute plus loin : « Malgré les avantages que présente » la ruche d'une seule pièce, elle laisse toujours subsister les inconvé- » nients de chasser ou de détruire les abeilles pour récolter la cire et le » miel. Par ma nouvelle ruche je pare à ces deux inconvénients. »

La ruche dont veut parler Desormes n'est autre que celle de Gélieu; elle devait avoir 20 pouces de hauteur et 12 pouces de largeur.

Voilà une série d'apiculteurs qui donne la préférence à la ruche d'une seule pièce, verticale et close. Ces apiculteurs assurent tous que la paille est la matière la plus convenable pour former les loges destinées à abriter les abeilles, et ils sont convaincus que, si une hauteur moyenne de 60 à 65 centimètres sur 40 à 45 centimètres de largeur, sont les proportions les plus convenables, il faut cependant varier ces dimensions, afin de les adapter au volume des essaims. — Passons à un autre ordre de ruche d'une seule pièce.

Mais avant, nous croyons utile de figurer les principaux types de ruches en cloche encore en usage sur différents points de la France. Les fig. 1 et 2 (p. 10). représentent les ormes le plus en usage dans la Picardie, les environs de Paris et quelques localités de la

Bourgogne. La forme, fig. 5, est en usage en Champagne et dans les environs de Paris, la forme, fig. 6, dans le Perche (Orne) et une partie du Mans ; la forme, fig. 7, dans la Sologne et quelques localités du Berry ; la forme, fig. 8, dans les Landes de Bordeaux ; on la retrouve dans quelques ruchers des environs de Paris où on rencontre des types les plus différents. La forme, fig. 9, se rencontre dans les landes et dans quelques localités de la Bourgogne ; la forme, fig. 10, est généralement en usage dans l'Alsace ; la forme,

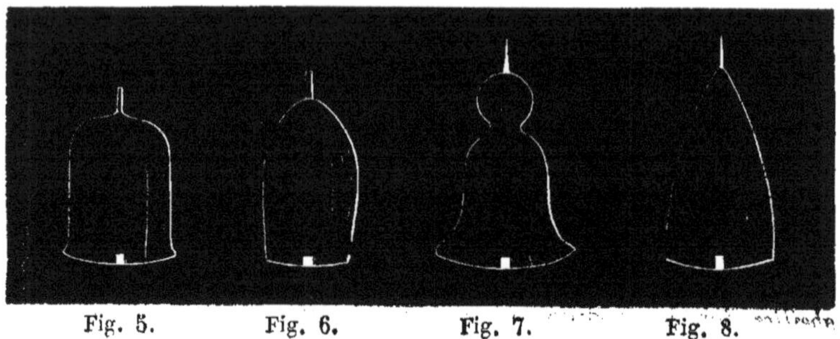

Fig. 5. Fig. 6. Fig. 7. Fig. 8.

fig. 11, dans la Bretagne et dans quelques localités du Nord ; la forme, fig. 12, dans la Franche-Comté et pays environnants. Les formes 3 et 4 sont employées dans le Midi.

Nous ne donnons que les types qui diffèrent le plus ; ceux qui sont élevés et ceux qui le sont peu ; ceux qui sont rétrécis par le bas et ceux qui sont évasés. Il en existe une

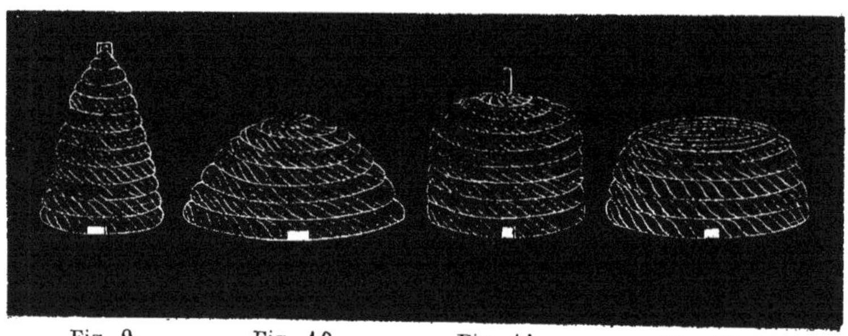

Fig. 9. Fig. 10. Fig. 11. Fig. 12.

oule d'intermédiaires qui varient selon les localités et le caprice des fabricants. Toutes ces formes disparates ont leurs partisans, qui les trouvent *bien convenables* et *très-commodes*. Nous n'avons pas besoin de faire remarquer que les préférences accordées s'appuient moins sur le raisonnement que sur la coutume, et que le pain de sucre élevé, en usage dans les Landes et ailleurs, est aussi défectueux que le bonnet chinois à base très-évasée en usage dans l'Alsace. C'est ici le cas de dire : les extrêmes se touchent.

VI. *Ruches simples, couchées horizontalement et closes.* — Les sauvages de Madagascar paraissent être les premiers qui ont eu l'idée de donner à leurs ruches une position horizontale. Ces insulaires choisissent, pour loger les abeilles, des troncs d'arbres creux, et ce sont ces troncs d'arbres qu'ils couchent sur le sol. De Madagascar, cet usage est passé dans l'île Bourbon.

— M. de La Nux, habitant de cette dernière île, adopta la position horizontale; mais au lieu de loger les abeilles dans des troncs d'arbres creux, il essaya de former des ruches en paille et de les ranger les unes à côté des autres, comme le sont les tonneaux dans une cave.

En 1773, cet apiculteur présenta à l'Académie des sciences de Paris une ruche de ce genre; on en trouve la description et le dessin dans les *Mémoires de l'abbé Rozier*. « Ces ruches, dit l'auteur de cette description, » ont 10 ou 12 pouces de longueur... Chacune de ces ruches a deux fonds » qui sont faits de paille roulée et cousue comme celle du cylindre. Ils » ont un peu moins de diamètre que l'intérieur de la ruche, afin que » l'on puisse les changer de place. On arrête ces fonds avec de petites » broches de bois qui passent à travers les parois de la ruche et qui entrent » dans le bord du fond... La situation horizontale des ruches de M. de La » Nux paraît meilleure que la situation verticale des autres, parce qu'elle » donne plus de facilité pour visiter et soigner les ruches en les ouvrant » par les deux bouts, sans les déplacer. »

— L'abbé della Rocca, vicaire général dans l'ile de Syra, a fait connaître une ruche qui ressemble à celle de M. de La Nux; elle n'en diffère que par la matière qui sert à la former. L'abbé della Rocca va nous décrire lui-même sa ruche; on la trouve dans le tome 2 de son *Traité sur les abeilles*, publié à Paris en 1790. « La matière dont nos ruches sont com» posées est, dit-il, aussi simple que commode : c'est de la terre cuite » avec laquelle on fait les vases ordinaires et la brique, fig. 13. La forme » de nos ruches est ronde, et » leur longueur est d'environ » 3 pieds; leur diamètre a un » pied dans la partie extérieure, » qui, en se resserrant, forme à » l'une des extrémités un fond » de 7 à 8 pouces. Ordinairement le fond de ces ruches est fermé; mais » on commence à les construire ouvertes des deux côtés et d'un diamètre » égal dans toutes leurs parties. »

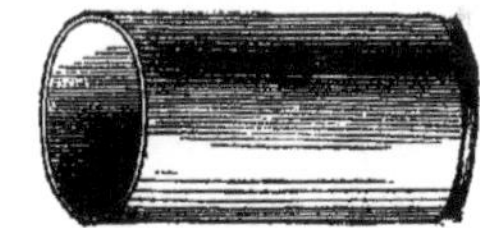

Fig. 13. Ruche della Rocca.

— Un évêque de Metz, l'abbé Bienaymé, a publié en 1803 (2e édition), un *Mémoire sur les abeilles*, dans lequel on trouve le modèle d'une ruche qui était dite nouvelle et dont la ressemblance avec celle de M. de La Nux, était à peu près complète. J'emprunte à M. l'abbé Bienaymé la description de ses loges pour les abeilles : « Rien de plus simple, dit-il, » et de plus facile à faire que la ruche que je propose. Il ne faut que de » la paille et de l'osier avec lequel on puisse joindre chaque rang en- » semble... Cette ruche est parfaitement ronde et également grosse dans » toutes ses parties. Elle n'a qu'un pied de diamètre dans œuvre et deux » pieds de long (ici les proportions sont nécessaires et il faut les garder » très-soigneusement)... Je conseille toujours à ceux qui en auront de 20 » pouces de diamètre, d'en avoir aussi de 24 pouces, pour s'en servir » dans le cas où il se présenterait deux essaims réunis, ce qui arrive assez » souvent quand le rucher renferme un grand nombre de paniers. Mais, » règle générale, il ne faut donner aux abeilles qu'un panier proportionné » en grandeur à la fertilité du pays que l'on habite... Toutes ces propor- » tions bien observées forment un tonneau d'une très-grande solidité » auquel on adapte à chaque extrémité un fond fait aussi de paille, du » diamètre proportionné à la ruche pour qu'il puisse fermer hermétique- » ment... Il ne faut, pour fixer chaque fond, que trois petites chevilles » de bois. Il vaut mieux fixer le fond opposé à celui par où doivent entrer » les abeilles et l'enduire exactement comme le reste de la ruche, soit » de chaux, soit de terre ou de fumier de vache. »

— Canuel, l'auteur d'un *Mémoire sur les abeilles*, imprimé à Bourges en 1828, donne la préférence à la ruche de Madagascar; mais il a cru devoir lui faire subir quelques modifications qu'il est bon de faire connaître. « Ma méthode, dit cet apiculteur, repose sur un point unique, » sur la disposition de la ruche, qui, au lieu d'être placée verticalement, » doit l'être horizontalement. Tout le secret de la manipulation est dans » cette disposition qui est pratiquée avec succès dans les îles de Madagascar » et Syra; je crois qu'elle l'est également dans les Pyrénées espagnoles.

» Je ne suis point l'inventeur de la ruche de Madagascar; un de mes » amis, qui avait séjourné quelque temps dans cette île, me donna, il y » a plus de 25 ans, le modèle d'une ruche, imitée de celles dont se ser- » vent les naturels du pays. Ce n'est qu'après un examen approfondi, » fait sur les lieux, de la méthode suivie par les insulaires, qu'il a pensé » qu'en y apportant quelques modifications, leur ruche remplirait toutes » les conditions exigées en pareille matière et donnerait enfin la solution » d'un problème qui jusqu'alors n'avait pas été complétement résolu..... » Les Madegasses ont imaginé de placer leur ruche horizontalement et de » donner de la mobilité à l'un des fonds. Cette disposition, qui semble au » premier aperçu contraire à celle que prennent les abeilles libres, qui

» vont se loger dans des arbres dont la direction est toujours verticale, » est cependant la meilleure et la plus féconde en résultats avantageux, » parce qu'elle présente les plus grandes facilités pour l'extraction du » miel....

» Cette ruche est une boîte carrée construite en planche de chêne ou » de bois blanc (fig. 13).—La planche qui sert de plancher (ou de tablier) » doit avoir 3 pieds de long, les trois autres 2 pieds 6 pouces. La première » forme le dessous, les trois » autres les côtés et le dessus. » — Les dimensions intérieures » doivent avoir un pied dans » œuvre en tout sens, et au » plus 13 pouces de hauteur sur » un pied de largeur. On peut » cependant en construire de » plus petites pour loger de faibles essaims. — La ruche se ferme avec » 2 fonds de dimensions égales à ses ouvertures. Les deux fonds sont » mobiles et doivent entrer aisément dans la ruche. »

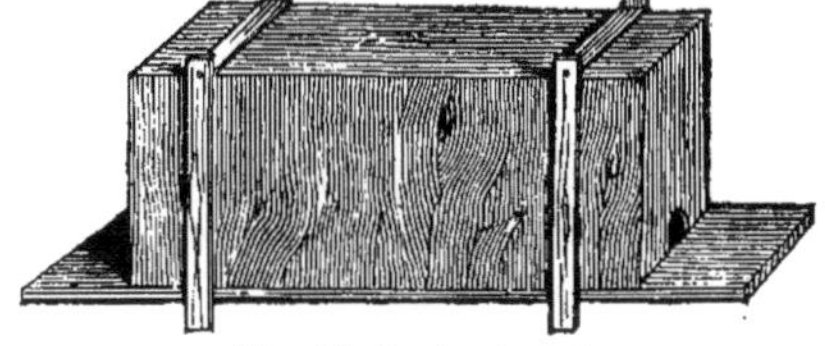
Fig. 13. Ruche Canuel.

De la Nux et Canuel ignoraient que, de temps immémorial, les Arabes fissent usage de la ruche longue, fig. 14; sans cela ils ne seraient pas allés la découvrir à Madagascar. La ruche arabe a dû passer en Grèce, en Italie et dans les îles africaines avec la puissance de ceux qui l'employaient. Monticelli en dote les habitants de Favignana (île italienne), et aujourd'hui encore, cette ruche se rencontre dans la Sicile et aux environs de Naples. Voici la description qu'en donne notre auteur italien :

Des Boîtes ou Ruches, appelées Fascelles à Favignana.

Les habitants de Favignana font leurs ruches avec de petites férules attachées l'une à l'autre et présentant l'apparence d'une boite, longue de 4 palmes, haute et large d'une demie seulement. Ce sont à peu près les dimensions des ruches de Varron. Cette boîte a deux cloisons mobiles, ou portes, aussi en férules dont une ferme le devant, et l'autre le derrière de la ruche; ce qui s'opère en les introduisant dans le vide de la boîte autant qu'il faut pour qu'elles tiennent; quelquefois on les pousse plus avant, selon le besoin. Le nombre des férules pour une longueur de ruche est d'environ 42, plus ou moins. Chacun comprend qu'on peut employer le liége en place de férules; Columelle le préfère a tout autre bois; on peut également se servir du pin, du sapin ou d'autres bois résineux dont la propriété, dit-on, est d'éloigner la teigne.

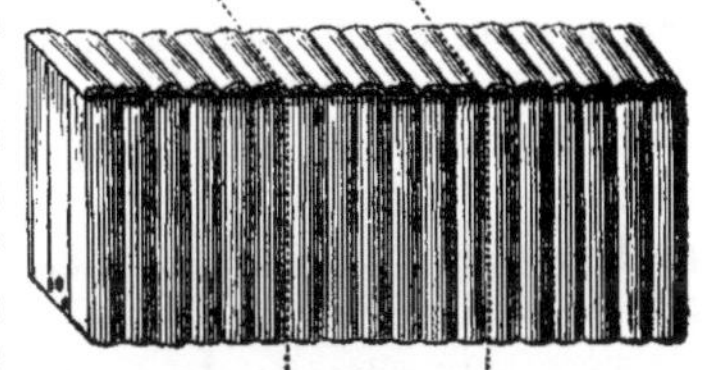
Fig. 14. Ruche arabe.

Quel que soit le bois qu'on emploie, que ce soit des férules ou du liége, ou un autre

(on aura soin de lui donner un doigt et demi d'épaisseur, afin de mieux protéger les abeilles contre l'excès de la chaleur et du froid), il faut que le dedans des ruches soit le plus uni et le plus poli possible, qu'il n'y ait point d'aspérité, point de trous, surtout de trous de ver.

La ruche de Favignana est divisée en deux parties inégales, par un éclat de bois fixé au toit en dedans, ou par une cavité partiquée à l'extérieur de ce toit. La partie qui s'étend depuis l'éclat de bois ou cheville jusqu'au fond est d'une palme et demie de longueur; l'autre partie est conséquemment de deux palmes et demie. La première des deux, celle de derrière, s'appelle *magasin*, non-seulement parce qu'il y reste la quantité de miel et la cire nécessaires pour la conservation et l'entretien des abeilles pendant la mauvaise saison, mais encore parce qu'elle leur sert d'asile et de retraite au moment des différentes opérations qu'on pratique sur les rayons à la partie antérieure. L'éclat de bois marque donc la limite qu'on ne doit pas dépasser dans la récolte que l'on fait du miel et de la cire. La partie antérieure est celle où l'on pratique la grande récolte; elle n'a pas de nom particulier.

A la cloison ou porte du devant on ménage au milieu, vers le bas, un trou d'un demi-pouce carré, ou moins si l'on veut, afin de permettre aux abeilles d'entrer et de sortir à leur volonté. Cette ouverture sert en même temps à renouveler lentement l'air qui est indispensable à la santé des abeilles. Dans leurs ruches, simples ou composées, Schirach et Gélieu font, pour l'entrée et la sortie des abeilles, une ouverture de deux pouces et demi de long sur un demi-pouce de haut. Columelle prescrit au contraire, de faire trois ouvertures. Varron en recommande deux, l'une à droite, l'autre à gauche, un peu plus large que le corps d'une abeille. Schirach l'agrandit, sans doute pour faciliter le renouvellement de l'air. Columelle et Varron, en l'amoindrissant, la multiplient pour une autre raison, c'est afin de préserver les abeilles des piéges des lézards, des crapauds et des frelons qui se placent à l'entrée unique, attaquent facilement les abeilles ou les obligent à rester dans la ruche plus longtemps qu'il ne faut pour leurs besoins. Et puis dès que leurs trous percés à une hauteur différente dans la partie mobile préserveraient les abeilles des embûches qui leur sont tendues et faciliteraient à la fois le renouvellement de l'air, je serais bien d'avis qu'on ferait bien de suivre le conseil que l'auteur latin en donne. Mais, soit que l'on fasse une seule ouverture plus ou moins grande, soit que l'on en fasse trois, ou deux, comme il est dit plus haut, il conviendra toujours dans les localités très-froides et exposées aux longues gelées, de garnir la petite porte par où passent les abeilles d'un grillage ou maille en fil de fer mobile, qui n'empêchera pas les insectes de respirer l'air et qui leur défendra de sortir. Car, dans cette saison, s'il survient des jours de belle apparence, elles seront réveillées par l'action du soleil; mais, surprises par le froid, par une rafale imprévue ou par la neige, elles périssent dans la campagne au grand détriment du propriétaire qui perd ses abeilles et qui court le risque de perdre de la même manière les autres qui s'aventureraient un autre jour. La douceur du climat de Favignana, où il ne gèle jamais, exempte les habitants de prendre cette précaution; elle deviendrait au contraire funeste aux abeilles, parce que celles-ci, dans les hivers les plus froids trouvent dans les champs de l'île quelques fleurs dont elles rapportent un peu de nourriture.

Les deux cloisons qui ferment les deux bouts de la ruche ainsi que la ruche elle-même dans toute sa superficie extérieure, doivent être enduites de mastic. Les Favignanais composent un mastic avec de la craie et de la bouse de vache fraîche. Il serait encore plus consistant et plus dur si on le composait de chaux vive, de craie, de terre et de bouse de bœuf. Le but qu'on se propose en enduisant la ruche est de n'y point laisser pénétrer de vent ni de lumière, si ce n'est par l'ouverture de l'entrée. Les Favignanais réitèrent cette opération souvent, soit quand ils ouvrent les ruches, soit quand l'enduit tombe en quelque endroit. La demeure des abeilles doit être obscure et tranquille (1)...»

Ajoutons que la ruche longue a certains avantages dans les pays chauds, tels que l'Afrique; en limitant la longueur des rayons, elle éloigne la fausse-teigne ; en rapprochant les abeilles du sol (car cette ruche est posée à terre), elle leur procure une fraîcheur qui leur fait supporter les grandes chaleurs de l'été. D'ailleurs, les essaims qui émigrent en Afrique se logent dans les rochers de préférence à tout autre lieu. La même tendance se rencontre en Provence. — Les Arabes ont modifié leurs ruches; ils ont rendu

Fig. 15. Ruche à allonges.

ses bouts mobiles, et ils l'ont parfois divisée comme l'indique la figure 15. Un colon algérien, M. Beyer, a proposé aux Arabes la ruche à allonges, fig. 15. Dans ces derniers temps, on a aussi appliqué les rayons mobiles à la ruche longue.

VII. — *Ruches simples, couchées horizontalement et dont l'intérieur peut être visité.* — Les inconvénients attachés aux ruches couchées dont je viens de donner l'énumération avaient frappé Delavabre de Murphy. Cet apiculteur essaya de les faire disparaître en modifiant la forme des loges adoptées par les habitants de Madagascar. On trouve ces modifications clairement décrites dans une notice portant pour titre : *La nouvelle ruche à miel du mois de mai 1822, d'une seule pièce.* « Les ruches cylindriques de l'abbé Della Rocca ou de l'abbé Bienaymé ont, dit-il, deux » pieds de long et deux fonds mobiles, pour pouvoir les ouvrir lorsqu'il » s'agit de les opérer. En supposant qu'une de ces ruches soit pleine d'un » bout à l'autre de provisions, comment pouvez-vous atteindre de préfé- » rence les parties de rayons qui se trouvent au centre de ce cylindre et » que je suppose, avec raison, noires, acres et fétides, sans détruire

(1) Traduit de l'italien par M. C. Kanden.

» auparavant tout ce qui se présentera en premier lieu à vous, de rayons » ou de gâteaux vierges, blancs et purs, en constructions nouvelles ! » C'est là chose impossible. Or donc ce genre de ruches est radicalement » vicieux par l'impossibilité où l'on est de pouvoir choisir ce qui serait » précieux à conserver d'avec ce qu'il serait urgent d'extraire au plus » vite, pour préserver la ruche de sa ruine totale....

« La ruche que je propose (fig. 16) est telle que les yeux puissent faci- » lement en apercevoir intérieurement toutes les parties les plus secrè- » tes... J'ai voulu me donner » la facilité d'en extraire, avec « la plus grande aisance, les » rayons et les gâteaux, par- » ticulièrement ceux qui pour- » raient être atteints de la moi- » sissure ; également encore » d'en enlever les vers et les » teignes au moyen d'une pince » que j'introduis entre les » rayons.... J'ai fait en sorte » qu'on pût nettoyer le tablier » d'un seul coup de balai, sans » qu'aucune mouche s'en aper- » çût, et cela tout en donnant « de l'air à la ruche, en sup- » posant qu'elle renferme de » l'humidité. »

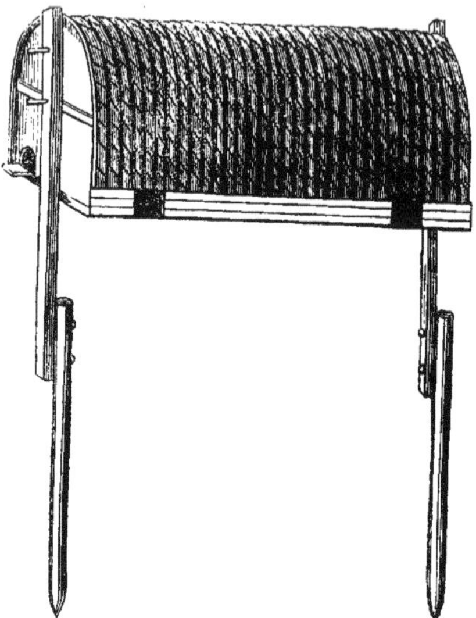

Fig. 16. — Ruche Delavabre.

Delavabre passe ensuite à la description de la ruche qu'il a adoptée: » Ma ruche, dit-il, est en planches de sapin, et peut également se faire » en paille, tout comme les ruches villageoises, sauf le tablier, qui ne » peut être qu'en bois. Elle représente une espèce de petite auge renver- » sée, dont les quatre parois sont inclinées ou évasées par le bas. En » employant des planches d'un pouce d'épaisseur, ma ruche a inté- » rieurement 22 pouces de longueur par le haut; en raison de son » évasement dans ses quatre parties, elle a par le bas 26 pouces; sa » largeur intérieure a 7 pouces par le haut, et par le bas 14 pouces; enfin » sa hauteur sur toute sa longueur est d'un pied, y compris l'épaisseur » du plafond et celle du tablier, c'est-à-dire 10 pouces dans œuvre.

» A l'une ou à l'autre des extrémités de la planche de 7 pouces de

» large, qui forme le plafond de la ruche, doit être pratiquée une ouverture ronde de 5 à 6 pouces de diamètre, qui puisse se reboucher avec le même morceau qui en sera sorti.... Cette ruche, dans les proportions que je viens de donner, repose sur un tablier, qui est une planche de la largeur de toute la ruche, et qui, en outre, dans sa longueur, la dépasse d'un demi-pouce de chaque côté. Ce tablier doit être adapté à un des côtés de la ruche au moyen de deux espèces de charnières en cuir ou autrement.... Je suspends cette ruche isolément, entre deux piquets bien enfoncés en terre, élevés de trois pieds au-dessus du sol. Ainsi suspendue, et en équilibre, la ruche peut tourner sur ses deux axes, sens dessus dessous, sans aucune espèce de secousse, et sans que les abeilles s'en aperçoivent.... L'ouverture ronde du plafond (de 5 à 6 pouces de diamètre) sert à introduire les essaims dans la ruche.... A l'intérieur la ruche est d'abord divisée en deux parties au moyen d'une planche mince qui joint exactement tout autour. Lorsque la première partie de la ruche se trouve garnie de rayons, il faut ouvrir la ruche et transporter la cloison un peu plus vers le fond, ce qui s'appelle donner de l'espace, pour que les abeilles puissent continuer leur travail et augmenter leurs édifices. Cette planchette servant de cloison, s'assujettit par le moyen de petites broches de fil de fer qui traversent les parois de la ruche. »

— VIII. *Considérations générales sur les ruches composées de plusieurs compartiments.* — Les vices, assez nombreux, attachés aux ruches d'une seule pièce, devaient amener les propriétaires d'abeilles à chercher un moyen de les éviter. Ce moyen a été trouvé en divisant le corps des loges en plusieurs compartiments. Ces divisions offrant des avantages dont l'importance ne saurait être contestée, je dirai quelques mots sur leur histoire.

On ne sait quand ni par qui ce genre de divisions a été proposé pour la première fois. Gallo et Crescencio, qui écrivaient en Italie vers le XIIIe siècle, attestent dans leurs ouvrages sur l'agriculture, que ces divisions étaient déjà connues avant eux. D'après Della-Rocca (1), les ruches à hausses étaient depuis longtemps en usage dans l'archipel des Grecs; en Écosse on en voyait dans plusieurs fermes en 1665, d'après les *Mémoires de la Société royale de Londres* et les *Transactions philosophiques*. Cependant Gelieu père croyait avoir été le premier à les inventer dans les mon-

(1) *Traité complet sur les abeilles*, tome II, page 9.

tagnes de la Suisse, et il demanda vers le milieu du XVIIIe siècle le privilége de les établir en France (1).

Palteau a été considéré également comme l'inventeur des ruches à hausses dès qu'il eut mis au jour son livre sur la *Nouvelle construction des ruches de bois*, en 1756. — Enfin, dans un ouvrage sans nom d'auteur, dont la première édition parut à Paris, en 1690, sous le titre suivant : *Traité des mouches à miel, ou règles pour les bien gouverner et les moyens d'en tirer un profit considérable par la récolte de la cire et du miel*, on voit que les hausses étaient connues, depuis un temps immémorial, dans le Poitou et le Limousin (2).

Quelle que soit l'époque où l'on a divisé les ruches en plusieurs compartiments, il est bien reconnu aujourd'hui que cette invention est utile et qu'il est bon de la mettre à profit. Avec les hausses on peut faire aisément des essaims artificiels; on peut aussi réunir, lorsqu'on le désire, les colonies faibles avec les provisions des unes et des autres; rien n'empêche de faire des dépouilles partielles ou bien, si on l'aime mieux, une dépouille complète. Le miel et la cire sont récoltés sans être mélangés avec des produits étrangers et sans entraîner la mort d'un grand nombre d'ouvrières; la mère ne court aucun danger pendant cette opération, et les gâteaux de cire peuvent être renouvelés successivement, en ayant le soin de déplacer les hausses à des époques convenables. A l'aide des récoltes partielles, on a un moyen sûr d'exciter les ouvriers à construire une plus grande quantité de rayons et d'accroître ainsi la récolte de la cire. Enfin, en faisant usage des hausses, on peut se dispenser d'étouffer les abeilles au moment de la récolte; on a le moyen, si on le juge à propos, de proportionner la capacité de l'habitation au volume de l'essaim, d'agrandir, de rapetisser au besoin les ruches, pour éviter l'invasion des fausses teignes.

IX. — On a accusé les hausses d'être entachées de quelques inconvénients assez sérieux; examinons jusqu'à quel point ces accusations sont fondées.

— On a dit que les compartiments dont sont formés les ruches à hausses, divisant trop les abeilles, les empêchaient de se rapprocher pour se tenir

(1) Lettre de Réaumur de 1757, reproduite dans les Mémoires de la Société d'agriculture de Bretagne. 1759-1760.

(2) Cet ouvrage a été réimprimé à Paris en 1697, chez Jean Musier; Voy., dans cette deuxième édition, la page 124.

chaudement en hiver, et pour faire éclore les embryons au printemps. Il peut en être ainsi lorsque les planchers des hausses sont d'une seule pièce ; mais lorsque ces planchers ont la forme d'un grillage, et lorsque les compartiments ont une hauteur convenable, l'inconvénient qu'on reproche aux ruches à hausses n'existe plus : les planchers en grillage, outre qu'ils aident les abeilles à fixer solidement leurs rayons, ne contrarient en rien ces insectes, et ils sont d'un grand secours, quand on les rend mobiles, pour la formation des essaims artificiels.

— Quelques apiculteurs ont assuré qu'en se servant de hausses on perdait à la fois sur la quantité du miel et sur celle de la cire. Cette assertion pourrait être fondée si on n'avait pas le soin de renouveler successivement tous les rayons ; mais en changeant les hausses de place, suivant les règles d'une culture perfectionnée, on doit gagner, au contraire, et sur la quantité des produits récoltés et sur leur qualité : sur leur qualité, parce que le renouvellement successif des rayons les empêche de vieillir et de s'altérer ; sur leur quantité, par la raison que le déplacement des rayons et leur soustraction partielle excite les insectes mellifères à travailler avec plus d'activité et les force, par ce moyen, à grossir leur récolte.

— On a ajouté qu'on s'exposerait à tuer la mère en faisant passer un fil de fer entre chaque hausse au moment de la dépouille. Il est facile de reconnaître que cet accident peut arriver plus fréquemment dans les ruches d'une seule pièce, lorsqu'on plonge, à plusieurs reprises, dans les rayons de cire, l'instrument qui les brise et les ramène au dehors. D'ailleurs, rien n'empêche de supprimer l'usage du fil de fer et de s'aider, pour séparer les hausses, d'un simple levier ou ciseau à tailler les pierres (1).

—Il est des apiculteurs qui ont affirmé que les ruches à hausses avaient nécessairement leur couvercle aplati, et que c'était là un inconvénient qu'il importait d'éviter. Une pareille objection est sansvaleur. Rien n'empêche de donner au couvercle une forme bombée, comme l'avait conseillé Lombard, ou bien de l'incliner en deux plans opposés comme l'avait fait Delatre. Bosc et Feburier s'étaient bornés à terminer la partie supérieure de leur ruche par un seul plan, incliné d'arrière en avant.

— On a objecté enfin qu'avec les ruches à plusieurs divisions on ne pouvait faire que des récoltes partielles. C'est là une erreur que rien ne

(1) Lorsque les hausses n'ont pas de plancher, le fil de fer est indispensable pour diviser les rayons. H. H.

justifie; les récoltes peuvent être complètes si on les préfère de cette manière; cependant il faut convenir qu'il est plus avantageux de s'en tenir à des dépouilles partielles, soit dans l'intérêt du propriétaire, soit dans l'intérêt des mouches à miel. Or, les ruches à hausses se prêtent mieux que toutes les autres à ce système de culture.

—Il ne faudrait pas dire que les ruches formées de plusieurs compartiments sont d'un prix trop élevé, puisqu'il n'en coûte guère plus pour diviser l'habitation des abeilles en autant de portions qu'on le désire, à l'aide d'un trait de scie; ces habitations ne deviendraient plus coûteuses que si on voulait les construire avec un certain luxe. Pour ce qui est des loges en paille, il n'existe aucune différence dans leur prix entre celles qui sont d'une seule pièce et les loges qu'on fabrique avec des compartiments joints ensemble (1).

X. — Avant de passer à la description des ruches à plusieurs corps qui méritent d'être mentionnées, je dois commencer par entrer dans quelques détails au sujet des compartiments qui portent le nom de hausses. — En combien de sections faut-il diviser le corps de ruche? — Quelles dimensions convient-il d'adopter pour chaque compartiment? — Quelle est la direction qu'on doit leur donner? — Telles sont les questions que je vais en ce moment examiner.

— Le nombre des produits renfermés dans une ruche et leur position relative peuvent servir à déterminer en combien de sections il faut partager l'habitation des abeilles. En s'aidant d'une pareille donnée, on est amené à reconnaître que trois divisions sont suffisantes, par la raison que les produits les plus importants d'une ruche peuvent être classés, presque toujours, en trois catégories distinctes; l'une de ces catégories contient le miel pur et la cire la plus récente; la seconde renferme le couvain, la mère et la masse des insectes mellifères; dans la troisième on trouve la

(1) Cette dernière assertion n'est pas tout à fait exacte. La ruche à trois hausses en paille nous coûte toujours au moins le double de la ruche ordinaire en cloche de même capacité. — On reproche aussi avec quelque raison à la ruche à hausses, lorsqu'on récolte successivement la hausse supérieure et qu'on ajoute une hausse vide inférieure, de rompre l'harmonie établie par les abeilles, c'est-à-dire de monter la cave au grenier. Et puis, les hausses qui ont logé du couvain peuvent contenir encore du pollen, avarié ou non, qui ôtera toujours de la qualité du miel. Pour que la hausse donne du miel aussi pur que le chapiteau, il faut que, comme celui-ci, elle soit placée vide à la partie supérieure. Mais il s'agit de voir s'il ne vaut pas mieux obtenir la quantité que la qualité. Dans ce cas, il convient d'enlever successivement les hausses supérieures. H. H.

cire vieille et le pollen. Trois compartiments sont donc suffisants pour bien séparer tous les produits; ils suffisent également pour exécuter sans difficulté les manœuvres que réclame une culture perfectionnée, et pour ne pas trop compliquer la forme des loges.

— Si on veut circonscrire exactement, dans chaque section, les produits que je viens d'indiquer, il est nécessaire de donner à chaque hausse des dimensions bien déterminées. La hausse la plus élevée, celle qui porte le nom de couvercle, doit avoir de 14 à 15 centimètres de hauteur, afin de ne pas y rencontrer du couvain au moment de la dépouille. Il est bon de donner à la hausse du centre et à celle qui sert de base à la ruche des dimensions égales. De nombreuses expériences comparatives ont prouvé qu'il suffisait de leur donner 22 centimètres de hauteur et 33 centimètres de largeur. Si on adopte des dimensions plus amples, on s'expose à avoir peu ou point d'essaims, et si on les rapetisse, la récolte du miel se trouve réduite. Toutes les loges doivent avoir une capacité a peu près égale, et il est inutile de dire qu'il faut s'attacher à ramener toutes les peuplades à un volume uniforme en s'aidant de réunions artificielles. On comprend aujourd'hui qu'on ne gagne rien à varier les dimensions des loges et à conserver dans un rucher des colonies faibles à côté d'autres beaucoup plus fortes.

L'observation faite pour les ruches en une pièce doit être répétée pour les hausses : « On ne saurait établir la même capacité pour toutes les localités. » Dans un canton de fleurs abondantes, la hausse doit être grande ; elle doit être petite dans une localité qui offre peu de ressources aux abeilles. Quelle que soit la masse d'abeilles réunies dans une ruche, cette masse d'abeilles ne produira jamais autant dans une localité non mellifère que dans une localité mellifère. — Le nombre de trois hausses par ruche ne saurait non plus être rigoureux partout. Pour l'essaimage par division, deux ou quatre hausses par ruche valent mieux que trois. Pour la récolte, selon qu'elle est abondante ou non, selon que l'on tient à conserver ses colonies ou à les réunir, selon enfin les bénéfices qu'on y trouve, on enlève une ou deux hausses.

— Le plus souvent on a étagé les hausses dans un sens vertical; d'autre fois on les a couchées horizontalement, et dans ce cas, tantôt on les a rangées devant ou derrière sur leur support, et tantôt de droite à gauche. Quelle est la disposition la plus utile? A cette question on répond que pour ce qui est de la position couchée ou horizontale, celle qui consiste à rapprocher les hausses de droite à gauche et à établir l'entrée des abeilles à la partie centrale mérite d'être préférée, par la raison que les produits des insectes mellifères sont alors répartis d'une manière égale sur les deux côtés, et que lorsqu'on veut former des essaims artificiels ou des réunions forcées, chaque section latérale de ruche contient une égale quantité de miel, de cire, de pollen et de couvain. Cet avantage est le seul qu'on rencontre dans les loges couchées. Si l'art apicultural se réduisait à former des essaims artificiels et à opérer des réunions de petites peuplades, il n'est pas douteux qu'on devrait adopter cette forme de ruche : les loges de Gelieu seraient dans ce cas les plus simples et les plus commodes; mais il faut reconnaître que dans les loges couchées la dépouille y est très-difficile, les produits y sont plus mélangés que dans les ruches à divisions verticales. Ces dernières, en élevant les constructions cireuses au-dessus du sol, deviennent plus saines que celles qui ont leurs hausses couchées. Ce sont là des motifs assez puissants pour leur donner la préférence.

XI. — Il me reste, pour terminer ces généralités sur les ruches divisées en plusieurs compartiments, à dire quelques mots : 1° sur la forme du plancher qui sépare les hausses; 2° sur la forme du couvercle; 3° sur le nombre et la position des ouvertures que chaque ruche doit avoir.

— Pendant longtemps on a placé dans l'intérieur des loges habitées par les abeilles de simples baguettes de bois destinées à supporter les rayons de cire; ce moyen est encore généralement adopté pour les ruches d'une seule pièce. Lorsqu'on divise une loge en plusieurs compartiments, chaque fragment de loge est séparé de ses voisins par un plancher; il en est ainsi afin de bien séparer les produits et de rendre la dépouille plus facile. Ce plancher, d'abord d'une seule pièce, fut percé vers son centre par une ouverture circulaire destinée à laisser passer les abeilles d'un étage à l'autre (Coupé, Ducouëdic). On s'aperçut dans la suite qu'il était plus convenable de placer les ouvertures sur les côtés, afin de rendre plus facile l'écoulement des vapeurs liquefiées dans le couvercle, et afin de donner moins de peine aux insectes mellifères pour passer d'un étage à celui qui lui est supérieur (Lombard). Plus tard, d'autres apiculteurs ont donné la préférence aux planchers composés de barreaux, ayant la forme d'un grillage (Schirach, Beville, Huber, Della Rocca, Radouan); il en est qui n'ont pas songé à rendre ces barreaux mobiles, et qui ont perdu ainsi une partie de leur utilité. Les avantages attachés aux planchers en grillage ne sauraient être révoqués en doute. Qui ne voit que les émanations gazeuses ne sont plus retenues ni condensées vers la partie centrale des ruches, comme cela arrive avec les planchers d'une seule pièce, et surtout avec les planchers percés vers leur centre par une ouverture circulaire? les abeilles parcourent, sans aucun obstacle, toutes les parties de leur habitation, et elles commencent à construire dans le compartiment le plus élevé. Lorsque les planchers sont d'une seule pièce, les mouches à miel, trompées quelquefois par cette séparation intérieure, fixent leurs rayons dans les compartiments inférieurs, sans songer à construire dans ceux qui sont les plus élevés (1). Les abeilles sont également moins divisées; elles peuvent se grouper, comme elles l'entendent, pour communiquer de la chaleur au couvain ou pour se défendre contre les froids les plus rigoureux.

Chaque barreau ayant une largeur égale à celle que présente l'épaisseur d'un rayon de cire (3 centimètres), c'est sur lui qu'on décide les abeilles à faire adhérer leurs constructions (2); ces insectes laissent l'intervalle de chaque barreau (1 centimètre) pour circuler entre chaque rayon et pour s'élever dans les corps supérieurs de leur habitation. La mobilité des barreaux permet de les détacher avec les rayons qui y sont fixés, et de les rétablir à leur place sans causer un grand dérangement parmi les ouvrières. On peut aussi réunir, par ce moyen, deux petites peuplades pour en former une plus volumineuse; à des rayons chargés de miel il est aisé de substituer des rayons vides et préparés à en recevoir ; à des rayons vieux, altérés par l'humidité, ou par l'incubation des germes, on peut substituer d'autres rayons plus récents ou mieux conservés. La mobilité des barreaux permet enfin de former avec la plus grande chance de succès des essaims artificiels.

Déjà dans l'ancienne Grèce on connaissait l'usage des planchers en grillages mobiles; Contardi assure aussi que dans des temps fort reculés on formait artificiellement les essaims en s'aidant du déplacement des barreaux qui composent le grillage. D'après le même écrivain, cette méthode passa en Allemagne, et de là dans l'île de Candie où elle est encore en usage. Della Rocca la fit connaître en France, et cependant peu de propriétaires d'abeilles ont su en apprécier les avantages. Il faudrait faire une exception en faveur de Huber et de tous les inventeurs de ruches

(1) C'est là ce qui est arrivé à Lombard, lorsqu'il fit usage des ruches à trois compartiments, et ce qui l'engagea à revenir aux ruches à deux corps (*Manuel des propriétaires d'abeilles*, 6e édition, page 128). On remédie à cet inconvénient en donnant aux planchers la forme d'un grillage.

(2) Les moyens employés pour forcer les abeilles à travailler dans le sens qu'on désire, consistent : 1° à fixer dans ce sens même un fragment de rayon, que les insectes mellifères se hâtent de continuer; 2° à tracer dans le même sens une arête saillante ou une rainure, qui servent de guide aux mouches à miel.

à cadres, qui semblent aujourd'hui s'attacher à compliquer leur œuvre sans aucune espèce de mesure.

— Ce que j'ai dit des parois cylindriques des ruches, à l'occasion du rayonnement de la chaleur, peut être répété pour les couvercles bombés ou en dôme. Outre que ces couvercles concentrent mieux les rayons caloriques partis du centre des loges, ils favorisent aussi l'écoulement des vapeurs condensées jusque dans leur partie inférieure. Lorsque ces vapeurs liquéfiées ne trouvent pas de pente pour s'écouler au dehors, elles favorisent l'altération des produits renfermés dans l'intérieur, elles vicient la pureté de l'air qui y est renfermé. Lombard, et après lui, Lacène, Radouan et d'autres apiculteurs intelligents, avaient observé que la moisissure de la cire et la dyssenterie des abeilles, si communes dans les ruches à couvercle aplati, n'avaient d'autre cause que la présence de ces vapeurs passées à l'état liquide; c'est là ce qui les décida à donner au couvercle de leurs loges en paille la forme semi-sphérique, dont les anciens faisaient quelquefois usage sans en comprendre l'utilité. Cest le même motif qui porta Feburier et Bosc à incliner d'arrière en avant le plancher supérieur de la ruche de Gelieu, dont ils avaient adopté la forme. D'autres constructeurs de ruches, et de ce nombre furent Delatre, le docteur Chambon, etc., ont conseillé dans le même but d'incliner en deux plans ou en angle le plancher supérieur des loges pour les abeilles.

L'existence des vapeurs aqueuses dont il est ici question, avait été déjà constatée sans qu'on eût songé à en prévenir les effets malfaisants : Mme Vicat, dans ses expériences sur les mouches à miel, avait observé plusieurs fois, à la partie supérieure de leur habitation, l'exhalation d'une vapeur chaude bien prononcée; Schirach assure, à son tour, avoir rencontré de grosses gouttes d'eau suspendues sous les couvercles aplatis; Dubost découvrit lui aussi sur le même point, pendant le cours d'un hiver rigoureux, des glaçons rangés en couronne autour d'un essaim. Dans les ruches à couvercle bombé il n'en est plus ainsi; lés vapeurs, à mesure qu'elles se condensent, y ruissellent vers la partie inférieure. Bien des propriétaires de mouches à miel ont pu remarquer que le pied de ces loges était quelquefois mouillé, soit en automne, soit au retour du printemps. On doit donc préférer les couvercles concaves ou en forme d'angle à tous les planchers aplatis (1).

(1) Les planchers plats ou non ne condensent pas de vapeurs en hiver lorsqu'ils sont épais, bien abrités, et que la ruche renferme une colonie populeuse. Au contraire, les plan-

— On pourrait citer des apiculteurs qui placent une petite ouverture à la partie supérieure du couvercle, afin de laisser passer à travers cette ouverture les vapeurs qui montent vers le haut des ruches, ou bien afin de permettre à l'air chaud qui remplit la ruche en été de se renouveler sans trop de difficulté. Ces ouvertures sont fermées avec un bouchon dès que la température atmosphérique commence à se rafraîchir. Radouan, Varembey, Patteau, Lacène, Boisjugan, Schirach, Feburier, Beville, Delavabre, etc., ont adopté l'usage de cette petite ouverture. Quelques-uns de ces apiphiles s'étaient proposé de l'utiliser, soit pour offrir des aliments aux abeilles pendant les temps froids, soit afin de les enfumer à l'époque de la récolte de leurs produits; d'autres fois c'était pour rendre les transvasements plus faciles ou pour former tantôt des essaims artificiels, et tantôt des mélanges de petites peuplades. On se servait quelquefois de cette ouverture pour donner plus d'espace aux abeilles en les couvrant de vases en verre. Tout se réunit donc, comme on le voit, pour établir que l'ouverture dont il est ici question doit être adoptée (1).

Il est des apiphiles qui placent une ouverture au centre de la planche qui supporte la ruche. Cette ouverture sert à établir un courant d'air avec celle qui est placée à la partie supérieure; elle sert aussi à laisser passer les immondices qui tombent sur la planche de support, à enfumer les abeilles au moment du transvasement, à donner plus d'espace aux insectes mellifères à l'époque de leur migration, et à retenir ainsi les peuplades jusqu'au jour le plus favorable pour s'éloigner de la ruche mère.

Pour ce qui est de l'entrée des loges, presque toujours on la place à la partie la plus basse de ces habitations, en creusant une ouverture sur le bord inférieur des ruches, ou bien sur la planche qui leur sert de sup-

chers plats et même les planchers bombés, ainsi que les parois latérales des ruches peu populeuses et mal abritées, condensent des vapeurs. Mais au sortir de l'hiver, et quelquefois en automne, toutes les ruches closes qui s'adonnent au couvain sur une large échelle condensent aux parois inférieures les vapeurs produites par ce couvain. H. H.

(1) Nos praticiens modernes trouvent plus d'inconvénients que d'avantages à ouvrir leurs ruches par le haut en été. Ils se gardent aussi avec raison de pratiquer un courant d'air de bas en haut comme des amateurs l'ont recommandé. D'ailleurs, en faisant ce qu'elles peuvent pour empêcher ce courant d'air, les abeilles nous enseignent qu'il leur est parfaitement inutile. Il convient d'abriter les ruches pour que la chaleur ne les incommode pas, et si les abeilles font fortement la barbe à cause de la grande chaleur, on se borne à soulever la ruche au moyen de calles; le moyen est simple et rationnel. H. H.

port. L'ouverture creusée sur cette planche présente un plan incliné partant du centre de la ruche et descendant vers l'extérieur. Cette disposition mérite d'être préférée, par la raison qu'elle offre aux insectes mellifères une pente douce sur laquelle peuvent être traînées jusqu'au dehors toutes les immondices. L'entaille de la planche de support a encore d'autres avantages : elle rend facile l'écoulement des liquides condensés dans la ruche; elle permet d'agrandir ou de rétrécir, selon les besoins du moment, l'ouverture des loges en avançant ou en reculant l'habitation des abeilles sur la planche qui la supporte. Si on a le soin, pendant les temps froids, de rétrécir l'entrée des insectes mellifères de manière que le corps des ouvrières puisse seul passer, la garde de la ruche devient plus facile, et moins d'ennemis destructeurs peuvent essayer d'y pénétrer.

Montfort avait essayé de placer l'entrée des abeilles vers le milieu du corps des ruches; c'était, disait-il, afin d'éloigner plus sûrement les animaux destructeurs, en leur rendant plus difficile l'attaque des abeilles ou leur introduction jusqu'aux matières cireuses qui les attirent. Avec une pareille disposition, le trou placé au centre de la planche de support devient indispensable, soit pour laisser tomber au dehors les immondices, soit pour y laisser couler les vapeurs liquéfiées.

Enfin Ravenel, dans le but de défendre les mouches à miel contre plusieurs ennemis qui leur déclarent constamment la guerre, faisait poser le pied des ruches isolées sur une pierre plate garnie d'une rigole sur son contour, et il avait le soin de remplir d'eau cette rigole.

XII. — *Ruches composées de compartiments immobiles.* — Les loges de cette espèce présentent une forme qui semble intermédiaire entre celle des ruches simples, dont j'ai déjà donné l'énumération, et celles qu'on appelle à cadres. Il sera facile de montrer plus loin que la forme à cadres n'est, à son tour, que la transition entre les loges composées de compartiments immobiles et celles à hausses. Si on suit les constructeurs dans tous les détails de leur œuvre; si on a le soin de remonter des combinaisons les plus simples à celles qui sont progressivement plus compliquées, on est nécessairement amené à la conclusion que je viens de formuler. Les descriptions qui vont suivre ne laisseront aucun doute sur ce point.

Au delà du Rhin, un apiculteur distingué a fait connaître une ruche dont les habitants de la Silésie font usage depuis des temps fort reculés; cette ruche doit commencer ici la série des loges pour les abeilles à compartiments immobiles. J'en emprunte la description et le dessin à la première édition du *Cours d'apiculture* de M. Hamet, publiée en 1859 (fig. 17). » Cette ruche, dit le professeur du Luxembourg, a figuré à » l'exposition de Londres de 1851, sous le nom de *Ruche silésienne;* elle » se composé d'une boîte plus haute que longue, construite en planches « épaisses dont le côté postérieur est mobile. Cette boîte renferme un » système de rayons mobiles, composés » de simples planchettes taillées en biseau en dessous. Leur largeur et leur » distance sont celles que nous donnons aux cadres mobiles. Dzierzon » n'établit pas ses rayons au haut de » la ruche; il laisse entre eux et le » plancher un intervalle de quelques » centimètres qu'il bouche en été avec » de petites planches, dans le sens des » rayons, et qu'il remplit en hiver de » mousse, de foin ou de feuilles sèches, » lorsqu'il veut concentrer la chaleur des abeilles. Les rayons s'enlèvent » par derrière, et lorsqu'ils n'ont pas de montants, il faut employer la » lame d'un couteau pour les détacher des parois latérales. Ils circulent » dans une rainure pratiquée dans l'épaisseur des parois, ou sur un » tasseau mince fixé dessus. »

Fig. 17. Ruche silésienne.

La ruche silésienne est à un seul corps, mais Dzierzon a cherché à atténuer les vices attachés à cette forme en plaçant dans sa partie supérieure un plancher composé de barreaux mobiles. D'autres constructeurs avaient, avant lui, adopté cette modification, mais au lieu de placer le plancher de séparation à la partie la plus élevée de l'habitation des abeilles, ils s'étaient décidés à le fixer vers la partie centrale. Malgré de pareils changements les ruches de cette espèce (je n'en excepte pas celles à plusieurs étages qui vont être indiquées), ont l'inconvénient grave de ne pas être divisées en sections mobiles, ou hausses, et d'avoir leurs sommets et leurs bases toujours à la même place; par suite, elles doivent nécessairement rentrer dans la catégorie des loges à compartiments immobiles.

Dans la Haute-Lusace, encore au delà du Rhin, Schirach a fait connaître une ruche qu'il faut placer après celle de Dzierzon. Dans un livre portant pour titre, *Histoire naturelle de la Reine des abeilles*, traduit par Blassière et publié à la Haye en 1771, le pasteur de Klein-Bautzen décrit sa ruche en ces termes : « Nos caisses à abeilles sont faites de plan-

» ches, bien sèches et rabotées, de pin, de sapin, ou de tilleul; les abeilles » n'aiment pas le bois de chêne : une longue expérience ne laisse aucun » doute là-dessus.

» Quant à la façon ou à la forme de ces boîtes, elles sont carrées; leur » hauteur doit être d'une aune et trois quarts (l'aune de Leipzig dont il » s'agit ici, fait à peu près deux pieds de la même ville); leur largeur » d'à peu près une aune et demie, et leur profondeur de trois quarts » d'aune. Un couvercle ferme la boîte par dessus; au milieu de ce cou- » vercle est une ouverture de 6 à 8 pouces qu'on peut faire carrée ou » ovale et qu'on ferme soit avec une plaque de fer-blanc percée de petits » trous, soit avec un grillage de fil d'archal, ou bien encore au moyen » d'une gaze propre et fine pour faciliter l'évaporation de l'excessive cha- » leur du dedans.

» Telle est la façon de nos boîtes à abeilles les plus connues dans ce » pays; mais j'en ai fait construire d'une forme différente; la même boîte » avec les mêmes dimensions de hauteur, de largeur et de profondeur a, » vers le milieu, une espèce de galerie faite de petits bâtons rangés les » uns fort près des autres et arrêtés des deux côtés de la boîte (fig. 18). » L'avantage qui résulte de cette construction est que les abeilles pourront » par là se garantir plus aisément des ordu- » res, qui sans cela leur causeraient beau- » coup de dommages, et qu'on n'a pas lieu » de craindre le dérangement de ces mêmes » gâteaux lorsqu'on veut transporter la boîte; » outre que cela donnera beaucoup de facilité » aux abeilles de faire le tour des gâteaux et » d'entrer de toutes parts dans les alvéoles « ou cellules (1). »

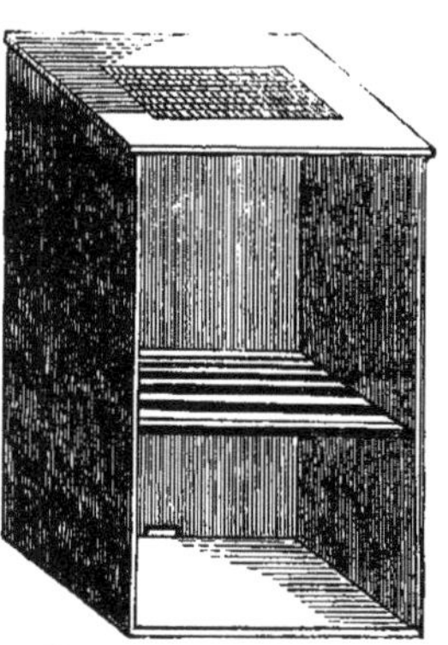

Fig. 18. Ruche Schirach.

A Syra, l'une des îles de l'Archipel, l'abbé Della Rocca fit construire une ruche qui avait quelque ressemblance avec celle de Schirach; elle lui était même préférable. Voici la description qu'en donne l'apiculteur de Syra, dans son *Traité complet sur les abeilles*, édité à Paris en 1790 :

« La ruche que j'ai imaginée pour la multiplication des essaims, d'a- » près la méthode des anciens Grecs et des habitants de Candie d'aujour-

(1) Le dessinateur de la figure 18 a placé trop bas la séparation du milieu.

» d'hui, a deux pieds de hauteur et est partagée en deux étages parfai-
» tement égaux, et d'un pied carré en tout sens. Le haut de chaque étage
» est formé de plusieurs petites barres ou traverses auxquelles les abeilles
» doivent attacher leurs rayons. Les côtés de chaque étage peuvent être
» ouverts pour observer avec facilité le travail de nos insectes : on pour-
» rait y pratiquer des glaces avec de petits volets qu'on ouvrirait à vo-
» lonté. L'entrée de la ruche est placée en devant, dans la partie infé-
» rieure, et elle est fermée avec une porte carrée de fer-blanc ou de tôle
» assujettie par deux coulisses qu'on peut aisément retirer en la levant
» par un petit bouton. Elle est percée de plusieurs petits trous dont les
» uns sont destinés au passage des abeilles et des faux bourdons, et d'au-
» tres plus petits, uniquement destinés à donner un peu d'air aux abeilles.
» La petite planche placée au-devant de cette porte leur sert de reposoir à
» leur retour des champs.

» Les traverses ou barres qui doivent couvrir les deux étages sont au
» nombre de neuf, l'expérience ayant prouvé que les abeilles bâtissent ce
» nombre de rayons dans l'espace d'un pied. Tout le fruit de cette nou-
» velle ruche consiste en ce que les abeilles construisent un rayon sur
» chaque barre ; et alors on pourrait exécuter ce que nous avons proposé
» sur la manière de former des essaims artificiels, d'après la méthode des
» Candiots. »

Dzierzon, Schirach et Della Rocca n'ont formé dans l'intérieur de leur ruche que deux compartiments séparés par un grillage. Le premier de ces apiculteurs fixait ce grillage au sommet de l'habitation des mouches à miel; les deux autres le fixaient à la partie centrale. Voici d'autres ruches, analogues par leur construction à celles que je viens de faire connaître ; elles n'en diffèrent que par le nombre des compartiments ou étages. Il en est qui offrent trois étages, d'autres en ont un plus grand nombre. Je passe à la description de ces loges.

XIII. — En suivant l'enchaînement ou, si on l'aime mieux, la filiation des diverses formes de ruches, je suis amené à placer ici celles que j'ai fait construire en maçonnerie. On trouve la description de cette habitation pour les abeilles dans les *Mémoires de l'Académie de l'industrie française* de 1832; mais j'avais eu le soin de la faire connaître, avant cette époque, à la Société d'Histoire naturelle de Montpellier, vers les derniers jours de 1828. Cette ruche, destinée aux simples habitants des campagnes, est ménagée dans l'épaisseur d'un mur, quel qu'il soit; son ouverture, pour le passage des abeilles, est placée sur la face antérieure,

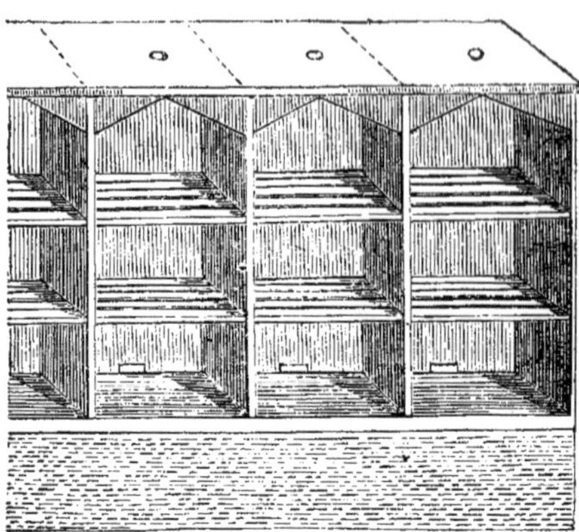

Fig. 19. Ruche des murs.

et, sur la face postérieure, se trouve placée l'ouverture qui est destinée à l'apiculteur. Cette loge est divisée en trois cases par deux planchers en grillage mobile. Ses dimensions sont les mêmes que celles adoptées par Lombard pour ses constructions en paille à trois corps. Son plancher supérieur, relevé en deux plans, présente la forme d'un angle obtus, et il est percé à sa partie centrale par un trou qu'on retrouve dans d'autres habitations pour les abeilles. Il est facile d'en visiter l'intérieur en détachant les fermetures ou volets placés à la partie postérieure (fig. 19).

— Dans les Pyrénées-Orientales, M. Eychenne fait usage d'une ruche qui doit trouver ici sa place. J'en emprunte la description à M. Antoine Siau, l'auteur d'un *Rapport sur l'industrie abeillère des Pyrénées-Orientales*, publié à Perpignan en 1857.

« Cette ruche, dit M. Siau, réunit les deux principaux avantages, » qui consistent à faire la récolte du miel avec facilité et à connaître en » tout temps l'état des abeilles et celui de leurs besoins, sans être exposé » à leurs piqûres. Elle est divisée en trois compartiments égaux, au » moyen de deux planchers à grillages, faits avec sept planchettes de » 0^m03 de largeur, pour recevoir les rayons, espacées de 0^m01 l'une de » l'autre, et jointes par les deux bouts, au moyen d'une demi-entaille, » à deux autres planchettes qui servent à les fixer aux montants de la » ruche : ces planchers se trouvent séparés également de 0^m01 des parois » de la ruche, afin que les abeilles puissent circuler librement d'un étage » à l'autre et entre les rayons. Trois vantaux, qui s'ouvrent sur le derrière, » permettent de la visiter successivement dans tout son intérieur, soit » pour la débarrasser des teignes, scarabées, fourmis, etc., qui auraient pu » s'y introduire, soit pour enlever les rayons des compartiments du milieu » et du bas, auxquels on ne touche pas lorsqu'on fait la récolte, » parce que celui du milieu contient toujours le couvain, et celui du bas » la provision du miel nécessaire aux abeilles pendant la mauvaise sai-

» son. Cette opération, qui a lieu à la fin de l'hiver, a pour but d'augmen-
» ter le produit de la cire, de conserver les ruches en bon état et d'exciter
» l'activité des abeilles.

» Au milieu du couvercle est pratiquée une ouverture circulaire de
» 0m04 de diamètre qui est indispensable pour dissiper les vapeurs for-
» mées dans la ruche et qui font périr souvent les essaims. Cette ouverture
» sert aussi à leur donner de quoi se nourrir, au moyen d'un goulot de
» bouteille, quand elles commencent à sortir après les froids, qu'elles
» n'ont plus de provisions et que la campagne ne fournit pas encore de
» fleurs; mais on doit la couvrir avec de la toile métallique assez fine,
» pour qu'elle ne donne pas accès aux insectes. Elle est mise à l'abri de
» la pluie, sans que la circulation de l'air soit interceptée, au moyen de
» trois tuiles à canal que l'on pose sur chaque ruche.

» Les rayons sont fixés au haut et au bas de chaque compartiment per-
» pendiculairement aux barreaux, et par cette disposition ils se trouvent
» superposés l'un sur l'autre dans les trois compartiments, et paraissent
» n'en former qu'un seul de toute la hauteur de la ruche. Les abeilles
» s'élèvent ainsi vers la partie la plus culminante sans qu'aucun obstacle
» s'oppose à leur marche; la ruche présente l'aspect d'une ruche d'une
» seule pièce, et les abeilles n'ont pas l'inconvénient de se trouver di-
» visées. »

XIV. — J'arrive maintenant à la ruche de M. Frarière, désignée sous le nom de ruche des jardins. On en trouve la description et le dessin dans le *Traité de l'éducation des abeilles* publié à Paris par cet apiphile en 1843.

« La ruche des jardins, quand elle est vue à l'intérieur, représente assez
» bien ces maisons en construction, dont les divisions par étage n'ont pas
» encore reçu de plancher. Cette ruche est en bois; le sapin doit être pré-
» féré, et à son defaut le bois blanc, parce qu'il est plus chaud et meilleur
» marché que le chêne. Elle se compose de deux fortes planches for-
» mant les côtés, ayant 0m50 de hauteur sur 0m15 de largeur, solidement
» clouées à celle qui forme le devant de la ruche, avec la planche du
» fond et avec celles qui servent de toit.

» Celle du devant aura 0m25 de largeur et sera de toute la hauteur
» dans œuvre de la ruche, dont l'élévation totale hors d'œuvre sera de 0m75.
» Les deux planches formant le chapiteau dépasseront de 0m01 ou de 0m02
» le corps de la ruche pour faciliter l'écoulement des eaux.

» De 0m15 en 0m15 à partir du haut de la ruche on posera un grillage
léger composé de six ou sept baguettes triangulaires dont un des angles

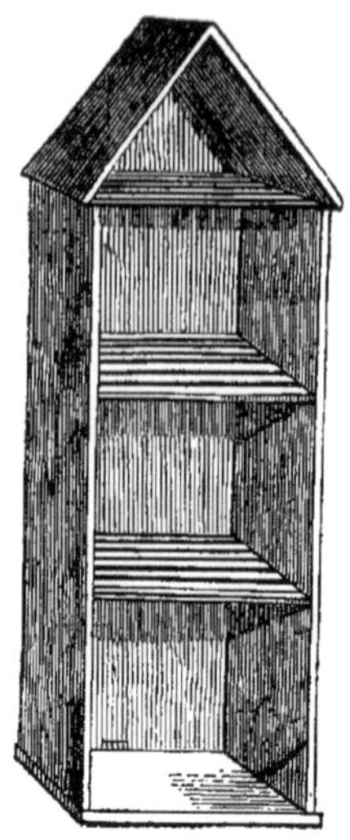

Fig. 20.
Ruche dite des Jardins.

» sera tourné vers le bas pour diriger le travail » des abeilles et placé dans le sens de la longueur. » Un grand volet de toute la hauteur de la ruche » sera retenu par deux traverses de bois au moyen » de crochets ou de clous à vis recourbés. On » pourra, si on le désire, le diviser en deux ou trois » parties et y adapter une ou deux petites fenêtres.» (fig. 20.)

Un fermier de Prepavin, M. Auguste Lombard, qu'il ne faut pas confondre avec le professeur d'apiculture de Paris portant le même nom, a publié en 1846 une notice intitulée : *La véritable manière d'élever et de multiplier les abeilles* (1). Dans cette notice, éditée par un imprimeur de la capitale, on trouve la description d'une loge pour les mouches à miel qui peut figurer à côté de celle de M. Frarière.

« Ma ruche, dit M. Auguste Lombard, est en bois blanc ; elle a 40 centimètres de hauteur, 25 centimètres de largeur et autant de profondeur. » A droite et à gauche de la ruche, mais intérieurement, j'ai placé, les uns » au-dessus des autres, trois petits tasseaux équarris. Sur chacun de ces » tasseaux j'ai placé une planche dans le milieu de laquelle il y a une » ouverture de 12 centimètres carrés ; le reste du fond est percé de petits » trous. Cette ouverture et ces petits trous servent à donner l'aisance aux » abeilles de porter leurs matériaux en haut de la ruche pour y former et » y attacher leurs rayons ; ces petits trous épargnent aux abeilles des circuits inutiles qu'elles seraient obligées de faire pour parcourir tous les » endroits de leur ruche. Pour pouvoir inspecter avec facilité chaque » rayon, j'ai placé derrière la ruche un volet pour chaque rayon qui s'ouvre » de gauche à droite ; par ce moyen, il est bien facile d'en faire la dépouille, puisqu'il n'y a qu'à ouvrir le volet pour prendre ce que l'on » veut dans chaque rayon.

» A la partie supérieure de la ruche il y a une ouverture pour le cas » où on serait obligé de donner de la nourriture aux abeilles ; cette ou-

(1) Cette *véritable manière d'élever les abeilles* n'est qu'une pâle compilation du traité de Frarière. *M. Auguste Lombard, le fermier de Prepavin,* nous a toujours paru n'être qu'un pseudonyme pris par le fabricant de cette brochure sans importance, pour l'écoulement de sa marchandise. H. H.

» verture est fermée avec un morceau de bois assez long pour qu'il pénètre » de 7 centimètres dans l'intérieur de la ruche et autant en dehors, afin » qu'on puisse l'ôter facilement : avant de le placer on l'enveloppe de » plusieurs morceaux de papier pour empêcher que les mouches ne le » soudent à la ruche ; comme elles n'y attachent que le papier, le mor- » ceau de bois peut être retiré sans résistance. »

XV. — Je passe aux ruches à cadres ; celles-ci, je l'ai déjà dit, forment le lien de transition entre les loges composées de compartiments immobiles et celles à hausses. Les constructeurs de cadres ont voulu éviter de diviser le corps des ruches en plusieurs sections, en obtenant néanmoins les avantages les plus importants que cette forme présente. Ces constructeurs espéraient, en s'aidant du déplacement des cadres, arriver sans peine, ou peut-être même avec plus d'aisance, à opérer le dépouillement partiel des produits recueillis par les abeilles et à former des essaims artificiels. Mais, en donnant la préférence à une pareille forme, on complique un peu trop l'habitation des mouches à miel et on introduit, en quelque sorte, une loge à feuillets dans une autre dont le corps n'est pas divisé. Dans un cas on a besoin de deux loges pour faire travailler les peuplades d'abeilles, tandis que dans l'autre une seule est suffisante. Malgré ce vice, toujours grave pour les apiculteurs des champs, les ruches à cadres ont trouvé de nos jours de nombreux enthousiastes parmi les apiphiles de l'ancien et du nouveau monde.

Pour faire l'histoire des loges de cette espèce, il est nécessaire de remonter jusqu'aux planchers en grillage et de suivre successivement toutes les transformations qu'on leur a fait subir.

— On sait que Schirach abandonna les planchers percés à leur partie centrale par une ouverture plus ou moins large, et qu'il les remplaça par un grillage immobile ; on sait aussi que della Rocca, et après lui plusieurs apiphiles, ont conseillé de rendre mobiles les barreaux composant le grillage, afin de rendre plus facile la récolte du miel et la formation des essaims artificiels (fig. 21). Cette modification était utile, mais elle n'avait rien de neuf. Contardi, le traducteur des œuvres de Thomas Wildman (en 1768), assure que chez les Grecs on était dans l'usage de construire les ruches avec des planchers formés par le rapprochement de barreaux qu'on changeait de place à volonté. « Pour donner, dit-il, une idée de la mé- » thode des Grecs (pour former les essains artificiels),

Fig. 21.

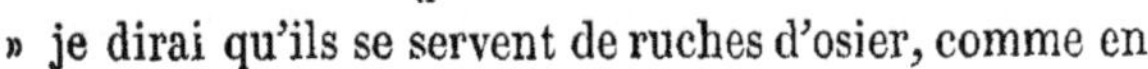

» je dirai qu'ils se servent de ruches d'osier, comme en

» Italie. On en fait des corbeilles, enduites en dehors et en dedans d'une » terre argileuse, au sommet desquelles on met de petites barres un peu » éloignées les unes des autres et couvertes de paille et de terre. Lorsque » les abeilles doivent essaimer, ces gens-là ne font autre chose qu'ôter quel- » ques-unes de ces barres auxquelles les abeilles attachent leurs rayons, et » ils les placent sur un autre panier ou ruche. C'est de cette manière que les » Grecs multiplient les leurs. »

Della Rocca, qui avait cultivé les abeilles dans l'île de Syra bien avant 1790, assure que la pratique attribuée par Contardi aux anciens Grecs, d'où elle est passée en Allemagne, n'est plus d'usage aujourd'hui vers le Levant que dans l'île de Candie.

Ce qui est rapporté par della Rocca est encore confirmé par Liger, l'auteur d'une *Maison rustique*, dont la huitième édition a été publiée en 1742, et il en donne la figure suivante (fig. 22).

— Ces planchers, composés de barreaux mobiles, quoique d'une utilité réelle, avaient néanmoins des inconvénients que les anciens Grecs n'avaient pas cherché à faire disparaître. Lorsqu'on veut détacher l'un de ces barreaux (fig. 24), il devient nécessaire de rompre les adhérences que les rayons supportés par lui ont contractées sur les côtés de la ruche. Si ces barreaux sont placés de droite à gauche par rapport à l'apiculteur chargé d'opérer leur déplacement, on peut, sans trop de difficulté, rompre les adhérences latérales en faisant usage d'un instrument tranchant ; mais il n'est guère possible de détacher les rayons les plus profonds sans avoir d'abord enlevé ceux de la partie antérieure.

Si, pour éviter cet inconvénient, qui a quelque chose de sérieux, on place les barreaux dans un sens opposé, c'est-à-dire d'avant en arrière,

Fig. 22.
Ruche grecque.

Fig. 23.
Rayon avec montants.

Fig. 24.
Rayon.

il devient nécessaire alors de détacher les rayons des parties antérieures et postérieures de la ruche, ce qui entraîne nécessairement une vive agitation parmi les insectes mellifères qui sont dépouillés par ce moyen. — Des apiculteurs ont cherché à faire disparaître une pareille difficulté en soudant, à l'extrémité de chaque barreau, un montant, ou bien un autre barreau dans une position perpendiculaire (fig. 23). De cette manière, chaque rayon construit par les abeilles est renfermé entre trois bandes en bois, formant une seule pièce.

— D'autres apiculteurs s'apercevant qu'en faisant usage de ces barreaux garnis de montants, ils avaient encore à détacher les rayons à la partie inférieure, se sont décidés à compléter l'encadrement des rayons et à les renfermer dans un carré formé par quatre bandes de bois jointes par leurs bouts (fig. 25); alors sont arrivées les ruches à cadres.

On voit, par cette esquisse historique, quelles sont les modifications de forme par lesquelles on est passé avant d'arriver à une variété de construction qui est aujourd'hui en faveur. 1° On a d'abord construit des planchers en grillages immobiles; 2° puis on a disposé ces grillages de manière à pouvoir déplacer, à volonté, chaque barreau qui sert à le former; 3° à l'extrémité de chacun de ces barreaux on a soudé plus tard des montants; 4° dans ces derniers temps on a terminé cette série de modifications en convertissant chaque barreau en un cadre à quatre côtés d'égale longueur.

Fig. 25. Cadre mobile.

XVI. — M. Menusier, l'auteur d'un *Nouveau système d'apiculture*, publié à Paris en 1858, a adopté une forme de ruche dont les cadres n'ont qu'un seul étage : « Cette » ruche, dit-il, se compose d'une boîte en planches; elle est de forme » rectangulaire; sa dimension intérieure est de 50 centimètres de lon- » gueur sur 30 centimètres de largeur et 25 centimètres de hauteur... » Dix cadres mobiles sont posés sur deux tasseaux cloués intérieure- » ment à l'extrémité des parois de la ruche. Ces cadres sont placés » parallèlement à côté les uns des autres, et bouchent la ruche dans » toute sa longueur, à l'exception de un centimètre qui reste vide. » Cette partie non bouchée par les cadres est recouverte par une petite » palette que l'on retire au moment des récoltes, pour faciliter la dé- » pouille, en laissant le jeu nécessaire pour enlever plus facilement les » cadres. Chaque cadre est composé d'une planchette et de quatre trin- » gles ou lattes en cœur de chêne. Ces derniers présentent leurs côtés » plats le long des parois de la ruche pour empêcher les abeilles d'y

» coller leurs constructions. Un couvercle en tôle ou en bois posé sur » son extrémité forme la ruche complète. »

On retrouve cette ruche plus ou moins modifiée dans plusieurs ouvrages allemands et américains, antérieurs à la publication de M. Menusier.

—Parmi les ruches à cadres mobiles, de la même famille, il faut citer celle du Rév. M. Langstroth (fig. 26), à laquelle, pour le moment, on donne la préférence aux États-Unis. « Cette ruche, dit l'*American bee Journal*, est de la plus simple construction ; et, y compris les cadres, elle peut facilement être exécutée par tout homme accoutumé à manier l'outil du menuisier. Elle peut être faite d'une dimension ou forme que l'expérience ou l'épreuve aura démontrée comme avantageuse. Elle est ouverte par le haut, et un cadre peut être ôté ou replacé à volonté, et ainsi l'apiculteur a le plein contrôle des rayons et des abeilles. » Sans doute, cette ruche peut rendre de grands services à l'observateur ; mais cela ne démontre pas que le simple producteur doive l'adopter.

XVII. — Pour trouver le premier exemple d'une ruche à cadres, avec deux étages, il faut aller le chercher dans le Nouveau-Monde ; Blake paraît en avoir été l'auteur. Dans son *Nouveau manuel complet du propriétaire d'abeilles*, publié à Paris en 1828, A. Martin en donne la description suivante : « Elle consiste » en une caisse carrée, dont la » partie supérieure est un couvercle » à charnière. Aux deux tiers environ de la hauteur de la caisse, » se trouve une cloison horizontale » formée par de petites barres, écartées seulement de trois lignes les unes des autres. Sur cette cloison, » on pose perpendiculairement des boîtes carrées sans fond, en forme » de tiroir, et dont le nombre est calculé de manière à remplir tout » l'espace au-dessus de la cloison dont nous avons parlé. Ces boîtes

Fig. 26. — Ruche Langstroth.

» mises en place, on rabat le couvercle de la caisse. Lorsqu'on veut » récolter le miel, on enlève une » partie de ces tiroirs au moyen » de petits anneaux adaptés à leur » partie supérieure et on les rem- » place par d'autres » (fig. 27). A. Martin assurait qu'on se servait, avec quelque succès, de cette ruche chez les cultivateurs d'Amérique.

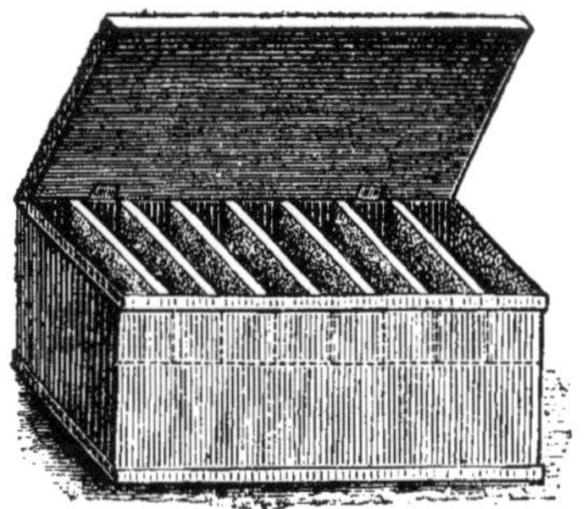
Fig. 27. — Ruche Blacke.

— D'après M. Kanden, un apiculteur, dont j'ai déjà eu l'occasion de faire connaître une des ruches, en avait construit une seconde qu'il faudrait ranger après celle de Blake. Cette seconde forme de loges, dont Dzierzon était l'auteur, avait deux étages, et dans la partie supérieure seulement, on trouvait deux tiroirs analogues, par leur disposition verticale, à ceux de l'apiculteur américain, dont A. Martin nous a dit le nom.

— M. Debeauvoys, s'inspirant, comme il le reconnaît lui-même, des ruches à feuillets de Huber, et peut-être aussi de celles à cadres de Prokopovitsh, a attaché une grande importance aux essais qui avaient été tentés avant lui, et il a mis au jour une loge pour les abeilles qui était d'abord à deux étages, mais qu'il a dû modifier dans la suite, afin de la rendre moins incommode (1). Voici la description que donne M. Desbeauvoys de sa première forme de loges, dans le *Guide de l'apiculteur*, publié à Paris et à Angers, en 1853 (4e édition). « Ma ruche présente, dit-il, la » forme d'un carré, qui a intérieurement 33 centimètres d'avant en ar- » rière, et autant d'un côté à l'autre, quand les parois latérales sont » mises. Sa hauteur est en avant de 35 centimètres, et de 45 à la face » postérieure; les faces latérales, dont une sert de porte, ont la forme » d'un trapèze dont les côtés parallèles ont, l'un la hauteur de la face » postérieure, et l'autre celle de la face antérieure. Les parois postérieures » et intérieures ont leur partie supérieure taillée en biseau, de manière à » suivre l'inclinaison des portes.

(1) Ce n'était pas la ruche, c'étaient les cadres qui avaient deux étages. Cette disposition de cadres a donné lieu à plusieurs modifications. En 1856, M. Swalhem, employé à l'école de médecine de Paris, a exposé une ruche à doubles cadres qui fonctionnaient mieux que ceux de M. Debeauvoys. H. H.

» Les cadres restent la partie principale, essentielle de la ruche. Ils » ont la forme de parallélogrammes et sont formés de quatre planchettes » de 27 millimètres de largeur, 6 à 8 d'épaisseur; la voûte de la ruche » sera composée d'autant de liteaux qu'il y a de cadres. On pourra mettre » au milieu de la hauteur » une traverse pour donner » plus de solidité au rayon. » Les liteaux auront 36 mil» limètres de largeur et 3 » centimètres d'épaisseur » sur 50 de longueur. Cette » ruche sera recouverte » d'une planche, d'une » feuille de zinc ou de tui» les, et placée sur quatre » pieux ou supports en bois » dur et passés au coaltar, qui s'élèveront à 33 centimètres au-dessus du » sol. » Plus tard, l'auteur a modifié sa ruche en en rendant le plancher plat et les cadres droits (fig. 28).

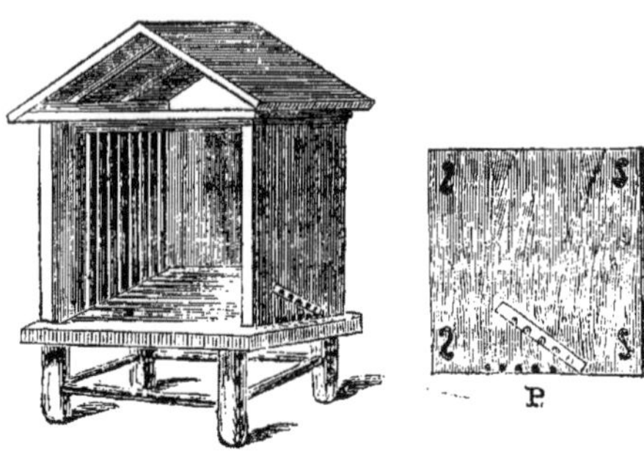

Fig. 28. Ruche Debeauvoys.

— Après M. Debeauvoys on a compté un grand nombre d'apiculteurs qui ont essayé de modifier sa ruche : les uns ont voulu détacher les cadres par la face antérieure ou postérieure; les autres ont cru qu'il était plus facile de les extraire par les faces latérales; il en est qui ont préféré les retirer par la partie inférieure et en renversant l'habitation des mouches à miel. On sait que M. Debeauvoys n'avait pas songé à de pareilles modifications et qu'il détachait les cadres par leur côté supérieur (1).

Enfin, il reste encore un certain nombre d'apiphiles qui ont essayé, à leur tour, d'appliquer les cadres aux ruches généralement usitées dans les campagnes, soit en paille, soit en bois; toutes ces transformations rentrent, tantôt dans la catégorie des loges à un seul étage et tantôt dans la catégorie de celles à deux étages que je viens d'indiquer. Je passe à la description des loges qui ont un plus grand nombre de compartiments.

XVIII.—Dans une *Notice sur les moyens employés en Russie pour élever les abeilles* (Paris, 1841), M. Pokorsky assure que dans un village, peu

(1) Nous citerons parmi les apiculteurs qui ont modifié la manière d'extraire les cadres : MM. Greslot, Houssay, Lefèvre, etc. Voir le *Tableau d'apiculture*, et l'*Apiculteur* pour les figures qui en ont été données. H. H.

éloigné de Batourine, vivait Prokopovitsh, l'inventeur d'une ruche à cadres composée de trois étages. Après avoir fait usage de cette forme de loges pendant 35 ans, Prokopovitsh voulut la propager autour de lui, d'abord par la voie de la presse, et puis en fondant une école d'apiculture dans laquelle il réunissait 80 jeunes élèves. Ses leçons duraient deux ans et avaient lieu au milieu d'un vaste jardin peuplé, d'après M. Pokorsky, par 2,800 colonies de mouches à miel. Il est probable que cette école, et peut-être aussi les publications de M. Pokorsky, ont contribué à faire connaître en France l'invention du professeur russe et à lui donner quelques instants de vogue parmi nos apiphiles. Quoi qu'il en soit, je vais emprunter à la notice de M. Pokorsky la description et le dessin de la ruche inventée par son compatriote : « Cette ruche, » dit-il, consiste en une caisse oblongue, formée par l'assemblage de cinq » planches. Sa hauteur doit nécessairement être de trois pieds et demie » (mesure anglaise), sa largeur peut avoir quatorze, vingt et jusqu'à » vingt-deux pouces, et sa profondeur de douze à seize pouces. — Le devant de la ruche se compose de trois planches d'égale grandeur, ce sont » les portes ou volets. »

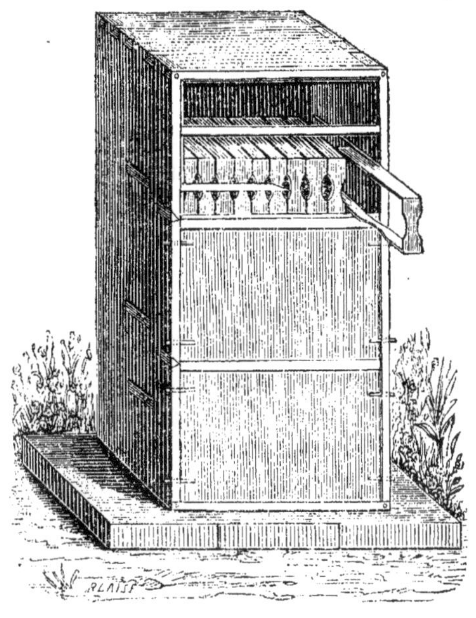

Fig. 29. — Ruche Prokopovitsh.

J'ajoute que cette loge a trois étages séparés par deux lattes ou bandes de bois, sur lesquelles on pose une série de cadres de manière à remplir les vides de chaque compartiment. Ces cadres ont, dans le bas et sur le devant, des ouvertures qui permettent aux abeilles de parcourir toutes les parties de leur habitation (fig. 29).

— En Allemagne, le baron de Berlepsch a adopté une ruche à trois étages qui ressemble sous ce rapport à celle de l'apiculteur russe, mais qui en diffère un peu par la forme des cadres. Ces variétés de forme sont si peu importantes qu'il suffit d'en avoir fait mention.

XIX. — *Ruches composées de compartiments mobiles.* — Les loges de cette espèce doivent être classées en deux catégories bien distinctes selon la position qu'on donne aux compartiments. Dans la première catégorie on range les ruches dont les hausses sont étagées les unes au-dessus des autres; dans la seconde catégorie on place celles qui ont leurs hausses adjacentes sur le tablier de support.

XX.— Les ruches à compartiments verticaux ou étagés les uns au-dessus des autres peuvent être classées, à leur tour, en trois catégories, selon le nombre de leurs hausses et les dimensions qu'elles présentent. C'est en suivant cet enchaînement que je vais essayer de les décrire et d'en faire ressortir les avantages ou les inconvénients.

XXI.—*Ruches à deux compartiments verticaux de grande dimension.* — Dans les départements de Seine-et-Oise, de l'Oise, du Loiret, d'Indre-et-Loire, on fait usage, depuis un temps immémorial, de ruches en paille à deux corps superposés, qu'on désigne sous le nom de *ruches à chapiteaux.* D'après Lombard, ces loges sont désignées dans les vieilles maisons rustiques sous le nom de ruche *de Campine* et *d'Allemagne,* parce que en effet elles sont en usage depuis longues années dans les *Campines* liégeoises, brabançonnes, etc. (1).

— En 1792, Coupé (de l'Oise) présenta un rapport à la Convention nationale dans lequel il conseillait aux apiculteurs français de faire usage de la ruche à chapiteau des Campines. « Ces loges, disait Coupé, doivent » être faites tout vulgairement sous la forme d'un œuf coupé par la moitié. » Celles de paille sont reconnues les meilleures. Quelle que soit leur » matière, il est nécessaire qu'elles soient composées de deux pièces, le » chapiteau et le corps même de la ruche, de manière à pouvoir les sépa- » rer aisément pour faire la récolte.

» La grandeur la plus convenable d'une ruche intérieurement est d'en- » viron 12 pouces de largeur et de 15 pouces de hauteur. Cette capacité » est la mesure moyenne de l'activité des abeilles, celle qui leur donne » assez d'espace et pas trop.

» La hauteur du chapiteau doit être environ le quart du corps de la

(1) Ce n'est pas seulement dans quelques départements qui avoisinent Paris et dans le Nord que quelques apiculteurs (la minorité) font usage depuis longtemps de la ruche à chapiteau; c'est aussi dans l'Est où elle a pu être imaginée, ou bien peut-être introduite d'Allemagne ou de Suisse. H. H.

» ruche. On peut avoir des chapiteaux de différentes capacités, afin de » les proportionner, s'il le faut, lors des différentes tailles, à la force » individuelle de chaque vaisseau, à l'abondance de l'année et à l'époque » de la saison.

» Il convient que le diamètre supérieur du corps de ruche soit resserré » par un anneau rentrant pour rendre la séparation moins vaste, moins » sensible aux abeilles après la taille, et pour conserver circulairement » plus de points de suspension aux rayons inférieurs.

» Sur le sommet du chapiteau doit être formé un trou que l'on tient » fermé par un bouchon ; c'est par cette ouverture que l'on présente le » goulot d'une bouteille de sirop, quand il est à propos de fournir de » l'aliment aux abeilles. »

— Dans un rapport de Cubières, présenté en 1800 à la Société d'agriculture de Seine-et-Oise, on trouve la description d'une ruche de Blancherie qui a de grandes ressemblances avec celle de Coupé dont il vient d'être question.

» Elle est de forme conique, de 60 centimètres de hauteur sur 25 de » largeur à sa base, ayant une ouverture circulaire de 8 centimètres à » son sommet ; elle est construite avec une espèce de corde faite de paille » de seigle qui est assujettie, dans son pourtour, par des attaches trans- » versales faites d'écorce de ronce.

» Cette ruche dure plus longtemps que celle que l'on fait avec l'osier, » le troëne et le bouleau. Elle est divisée en deux parties à peu près éga- » les que nous nommerons, l'une la base, l'autre la coupole de la » ruche ; ces deux parties sont placées l'une sur l'autre et fixées entre » elles par des liens extérieurs. Elles sont séparées par une planche qui, » dans son milieu, offre une assez grande ouverture. L'usage de cette » planche est de soutenir les rayons et d'en faciliter la sortie. L'ouver- » ture pratiquée au sommet de la ruche reçoit un gobelet de fer-blanc » percé de petits trous à sa base et fermé d'un couvercle de bois enve- » loppé d'un linge. Le gobelet sert à mettre le miel, pour suppléer aux » besoins des abeilles, lorsque leurs provisions n'ont pas été calculées » sur la longueur d'un hiver rigoureux, ou qu'un essaim a formé sa » colonie dans un temps où Flore devenait avare de ses présents. »

— Lombard adopta la ruche en paille à deux corps, il en modifia les dimensions des deux compartiments, fit quelques changements au plancher de séparation et lui donna le nom de *ruche villageoise*. Il en fut ainsi en 1802, lorsqu'il publia la première édition de son *Manuel pour soigner les abeilles*; plus tard il conseilla d'introduire dans ruche en paille de nouvelles modifications (fig. 30).

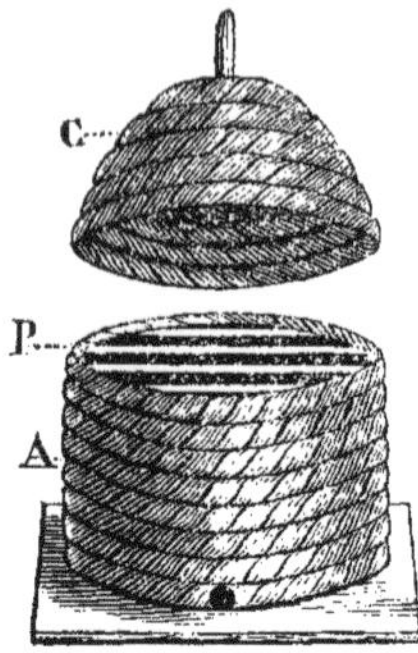

Ruche Lombarde (fig. 30).

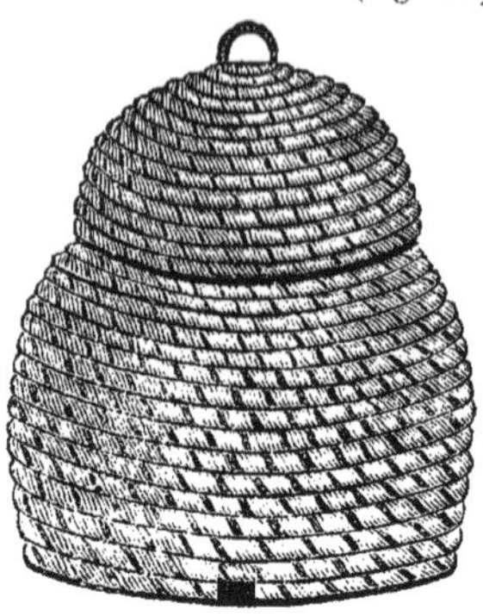
Ruche à calotte (fig. 31).

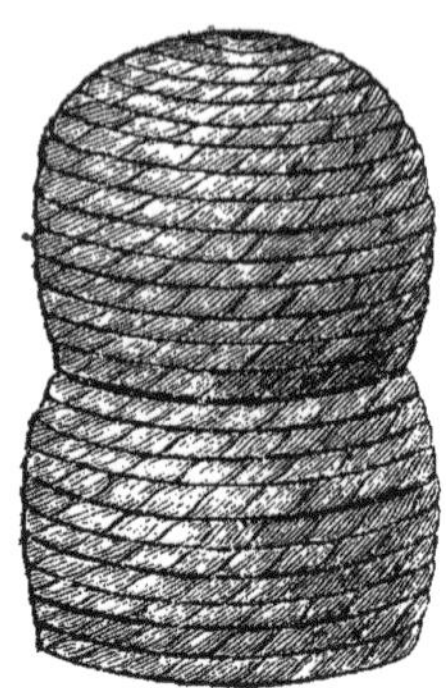
Ruche écossaise (fig. 32).

— A côté de la ruche villageoise vient se ranger celle qui, dans cer-

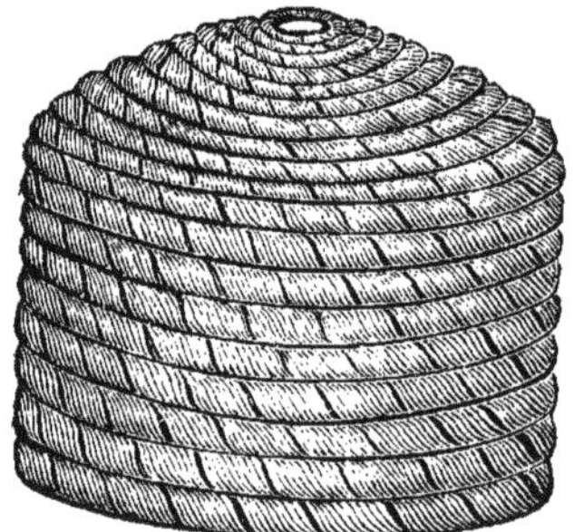
Corps de ruche normande (fig. 33).

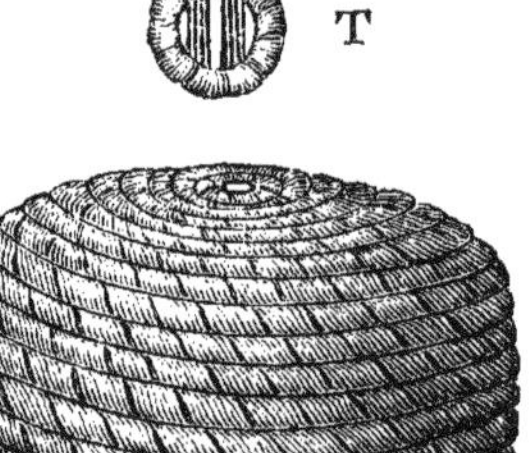

Calotte normande (fig. 33 bis).

tains départements, porte le nom de ruche à calotte (fig. 31), à capote, à cape, et dans d'autres départements est désignée par les noms de loges à corbillon, à cabochon, ou à bonnet. La ruche écossaise n'est encore qu'une variété de celles que je viens de faire connaître (fig. 32); il faut en dire autant des ruches normandes (fig. 33), de la ruche à chapiteau (fig. 34) et de celle à caseret (fig. 35).

Ces deux dernières sont en menuiserie,

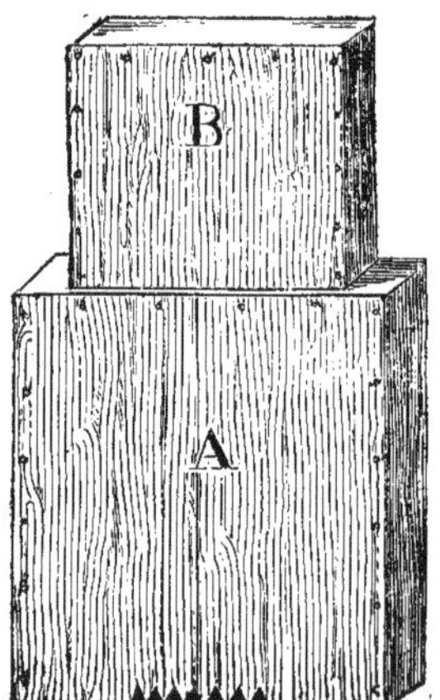

Ruche à chapiteau (fig. 34).

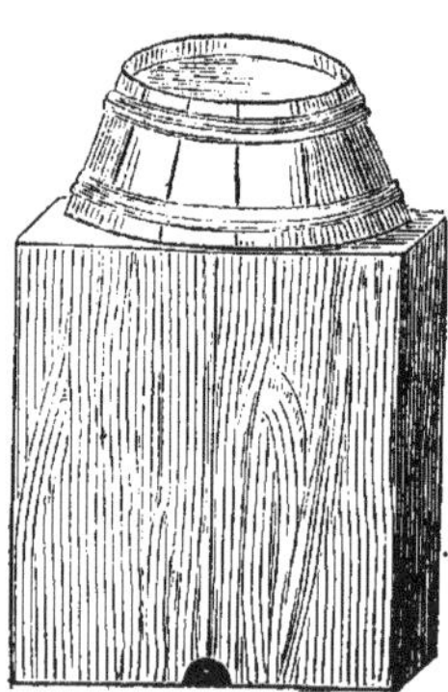
Ruche à Caseret (fig. 35.)

et les corps et chapiteaux varient de dimention et de forme selon l'apiculteur qui les emploie. Elles sont moins en usage dans le Nord et dans l'Est que la ruche en paille. Néanmoins on rencontre assez communément le caseret en boissellerie dans plusieurs localités de l'Est qui avoisinent la Suisse.

—Daniel Wildman, dans son *Guide pour gouverner les abeilles*, dont la traduction a été publiée à Amsterdam en 1774, donne comme nouvelle une forme de loges qui a quelques points de ressemblance avec celles que je viens de faire connaître. La ruche à deux hausses, que Massac a décrites en 1766 dans son *Mémoire sur la manière de gouverner les abeilles*; celle, également à deux hausses, que Fremiet conseille dans son livre intitulé *Ruche des bois*, publié à Dijon en 1827 ; celles enfin de M. Baudet figurées dans son *Traité d'apiculture*, édité à Lyon en 1860, ne sont que des variétés de la forme à deux corps dont les habitants des Campines font depuis longtemps usage.

XXII.—*Ruches à trois compartiments verticaux de moyenne dimension.*— Lapoutre est peut-être le premier qui a divisé son corps de ruche en trois compartiments. Dans le *Traité sur les abeilles* que ce curé a publié à Besançon en 1763, on lit ce qui suit : « Le nombre de trois hausses en » chaque ruche paraît le plus convenable ; » et plus loin : « Les hausses doi- » vent avoir des dimensions si bien proportionnées, qu'elles ne représen- » tent que la forme d'une ruche simple. »

— Pingeron, qui écrivait en 1781 un *Traité sur l'éducation des abeilles*, édité à Amsterdam, parle d'une ruche de M. de Fontaine construite en paille et composée de trois parties ; d'un chapiteau, d'une demi-ruche et d'une hausse, avec une table particulière (fig. 37). D'après le même auteur, Jacques Gelieu, ministre protestant de Bayards, dans la province de Neuchatel, en Suisse, faisait usage d'une loge pour les abeilles construite en bois, et composée de trois compartiments, comme celle de M. Fontaine (fig. 36).

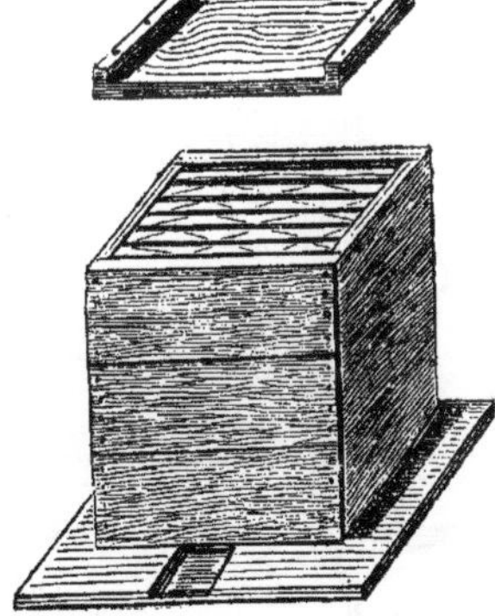
Ruche à 3 hausses en bois (fig. 36).

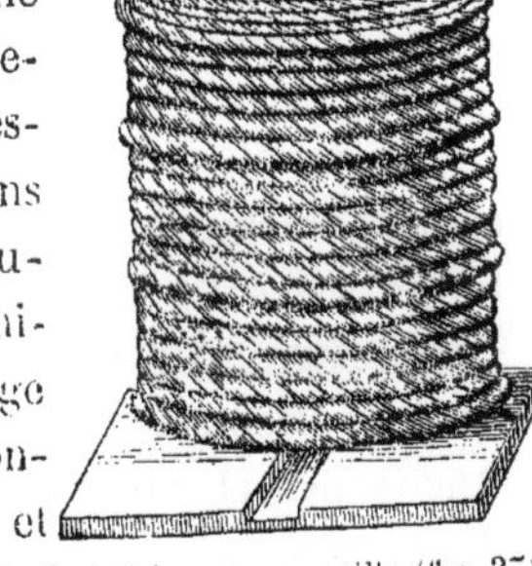
Ruche à 3 hausses en paille (fig. 37).

— En 1795, Chabouillé édita à Paris un *Traité sur les abeilles*, dans lequel il donne comme nouvelle la ruche de paille à trois hausses (fig. 37). Ducouédic, partageant les illusions de Chabouillé, se donna comme l'inventeur d'une ruche à trois compartiments. Le titre de son opuscule ne laissera aucun doute à ceux qui n'ont pas lu ses écrits un peu trop enthousiastes. Voici en quels termes ce titre est rédigé : *La ruche pyramidale, ou la ruche écossaise de M. de la Bourdonnay enrichie d'un troisième panier ; méthode simple et naturelle.* Paris, 1812.

— Dans le compte rendu du *quatrième cours* de Lombard *sur l'Éducation des abeilles*, publié à Paris en 1821, cet apiculteur distingué dit quelques mots sur les loges à trois divisions qu'il avait adoptées ; je copie la description qu'il en a donnée : « Mon autre ruche en trois parties est » en tout du même diamètre, de la même élévation, et extérieurement » de la même forme que la première; mais le corps de la ruche est divisé » en deux parties égales, de 7 pouces d'élévation chacune, ayant chacune » un plancher bien affleuré comme dessus : c'est une espèce de ruche à » hausses, améliorée, en ce que chaque portion, ou hausse, donne une » capacité propre à contenir toutes les abeilles de la ruche réunies, » lorsque la mauvaise saison les oblige à cette réunion pour leur conser» vation commune et celle du couvain, alors concentré, sur lequel elles » sont groupées, ce que ne permettent pas les hausses à petites divisions, » (fig. 21). » Radouan a modifié à son tour cette ruche en convertissan en grillage le plancher qui servait à séparer chaque hausse de Lombard On trouve l'indication de ce changement, d'une utilité incontestable, dans le *Manuel pour gouverner les abeilles*, édité pour la première fois en 1827 par Radouan. (Voir fig. 21, page 37.)

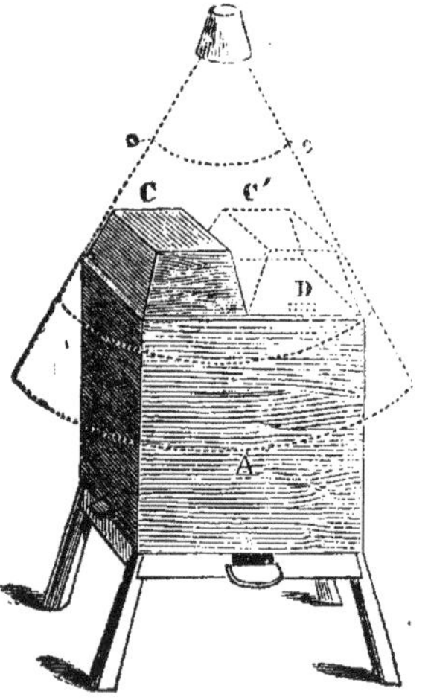

Ruche Annier (fig. 38).

— M. Annier a donné le modèle d'une ruche à trois compartiments qui diffère de celles que je viens de faire connaître. Le corps des loges de M. Annier est en bois, de forme carrée; ce corps est couronné par deux chapiteaux juxtaposés qui peuvent avoir quelque avantage pour rendre la dépouille fractionnée et sans danger pour celui qui l'opère (fig. 38).

— M. de Montgaudry, dans une *Notice*

sur les abeilles, qui a paru à Paris en 1854, a essayé de proposer une ruche en paille à trois divisions qui ressemble à celle de Lombard sur quelques points, mais qui lui est inférieure sous plusieurs rapports.

XXIII. — *Ruches à 4 compartiments horizontaux de petite dimension.* —Micq, dans un *Catéchisme de l'amateur des abeilles* publié à Kaiserslautern en 1806, donne le modèle d'une ruche à quatre divisions. Deux ans après la publication de ce livre, dû à un curé de l'ancien département du Mont-Tonnerre, un pasteur protestant appelé Engel édita à Strasbourg une *Instruction sur la culture des abeilles,* dans laquelle on trouve décrite une *ruche à magasins* complétement semblable à celle de Micq (fig. 39). En 1826, Martin (de Corbeil) fit connaître sa *ruche à l'air libre* qui se composait aussi de quatre compartiments superposés les uns sur les autres. Dix ans après la publication du livre de Martin, Bertin livrait au public apicole une *Instruction sur la culture des abeilles,* dans laquelle on trouve une ruche à quatre divisions décorée du titre de *perpétuelle.* « Ma ruche, dit-il, que je nomme *perpétuelle,* » parce quelle se re- » nouvelle par quart ou par moitié, d'année en année, est composée de » quatre cylindres de chacun » quatre pouces de hauteur sur » un pied de diamètre intérieu- » rement, et un pouce d'épais- » seur. Chaque cylindre porte » cinq petites baguettes rondes » ou carrées de quatre lignes de » grosseur, enclavées à fleur du » rouleau supérieur. »

— Varembey, dans son livre intitulé *Ruche française et éducation des abeilles,* donne le dessin d'une loge pour les mouches à miel qui est analogue à celle de Bertin (fig. 39). Enfin Sauria, dans sa *Notice sur les ruches à espacements* éditée à Lons-le-Saulnier en 1845, donne à son tour la préférence aux loges à quatre étages (fig. 39 et 40.)

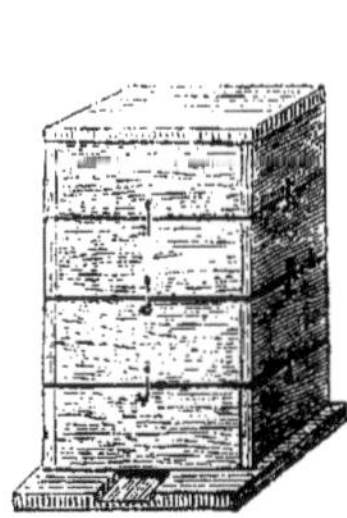

Ruche à 4 haussses en bois (fig 39)

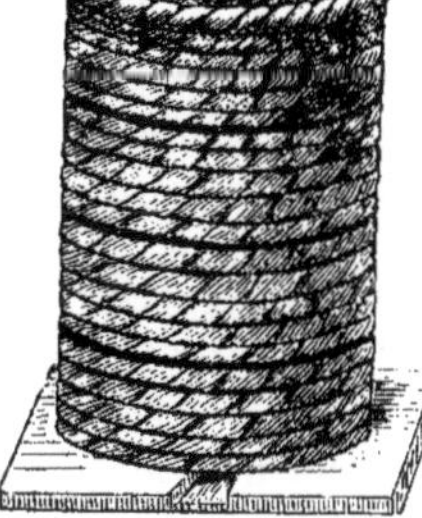

Ruche à 4 hausses en paille (fig. 40)

XXIV. — *Ruches à plus de quatre compartiments horizontaux.* On sait que Palteau a été considéré comme ayant eu le premier l'idée de diviser les habitations des mouches à miel en plusieurs compartiments dont le nombre était subordonné à l'abondance des fleurs autour des ruchers. Dans sa *Construction de ruches de bois*, publiée à Metz en 1756, on lit ce qui suit: « A la place des cinq hausses qui composent cette grande ruche » qui est devant vous j'en mets sept plus petites, équivalentes cependant » à ces cinq. » Ces mots indiquent assez que Palteau divisait ses loges pour les abeilles en un nombre de compartiments plus élevé que par le passé.

— Ducarne fit paraître en 1771 un *Traité sur l'éducation des abeilles*, dans lequel il est dit : « Chaque ruche est composée de plusieurs hausses; » les unes n'en ont que trois ou quatre, d'autres en ont jusqu'à sept ou » huit. Une hausse est une espèce de boîte de 13 pouces en carré, l'épais- » seur du bois comprise, sur 3 pouces de hauteur, avec une ou deux » petites barres ou traverses de 5 lignes en tout sens pour soutenir » l'ouvrage. »

— A une époque plus rapprochée de nous, en 1836, M. Duvernay fit paraître à Grenoble un livre intitulé *Culture des abeilles dans une nouvelle ruche à étages*, dans lequel il préconise une loge pour les mouches à miel analogue à celle de Ducarne. « Ma *ruche à étages*, dit M. Duvernay, est » composée de quatre, cinq ou six cadres ou tiroirs sans fond, superposés » les uns sur les autres; elle est recouverte d'un dessus plat. Elle a l'ap- » parence de la ruche ordinaire, quoique divisée horizontalement en » plusieurs segments qui n'ont cependant aucune séparation entre eux. »

— A côté des loges a plus de quatre compartiments, il faut en placer une que Daniel Wildman a décrite et figurée dans son *Guide pour gouverner les abeilles*. « Cette ruche, dit cet apiculteur anglais, est merveilleu- » sement bien construite pour le jardin; elle est garnie de huit bocaux » de verre en dessus, où les abeilles travaillent toutes à la fois. » L'abbé Eloi, ancien vicaire général de l'évêché de Troyes, fit connaître en 1786 une habitation pour les mouches à miel qui avait mis à profit l'idée ingénieuse de Daniel Wildman. M. Annier avait peut-être puisé à son tour dans la conception de l'apiculteur anglais la transformation qu'il a fait subir de nos jours au chapiteau en le formant de deux boîtes complétement isolées l'une de l'autre. Quoi qu'il en soit, la ruche de Daniel Wildman que je viens de décrire a son utilité dans plusieurs cas, et elle méritait d'être indiquée aux apiculteurs préoccupés de perfectionner l'habitation des mouches à miel.

XXV. — *Ruches composées de compartiments verticaux*. Les loges ainsi construites peuvent être rangées en deux classes; dans la première classe es compartiments sont couchés d'avant en arrière, et dans la seconde o les trouve couchés de droite à gauche. C'est dans cet ordre de classemen que je dois en faire l'examen.

XXVI. — *Ruches à compartiments couchés de droite à gauche.* Je commence par passer en revue les loges de cette forme, qui n'ont que deux compartiments.

— Pendant que Palteau essayait en France de diviser les corps de ruche en plusieurs hausses étagées les unes au-dessus des autres, un pasteur de la Suisse essayait à son tour de les diviser dans un autre sens et de les placer sur le tablier de droite à gauche. Ce pasteur, appelé Jonas de Gelieu, était un observateur passionné des mouches à miel, et il avait été amené à construire la ruche qui porte son nom, dans le seul but de former aisément des essaims artificiels. Delalauze dans son *Traité de l'éducation des abeilles*, publié à Paris en 1809, décrit en ces termes les ruches de Gelieu :

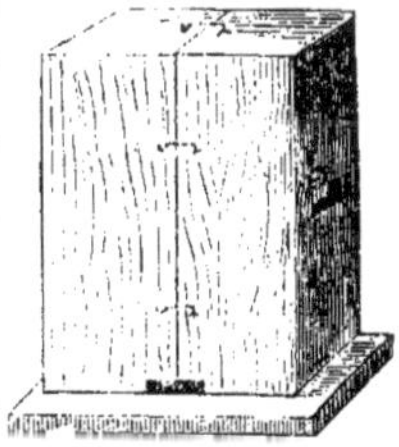

« Elles ont, dit-il la forme d'une caisse qui, mesurée en » dedans, a douze pouces de hauteur, neuf de largeur » et quinze à dix-huit de longueur, fig. 41. La ruche » étant construite, comme nous venons de le dire, « on la scie de haut en bas, exactement par le milieu, » pour la diviser en deux parties égales. Ayant bien » pris le milieu avec la scie, une moitié de la porte » doit se trouver dans chaque partie de la ruche.

Fig. 41. Ruche Gelieu.

» Cette division étant faite, on prend deux planches épaisses de 3 à 4 li- » gnes qui ont un pied carré; on y pratique, au milieu, une ouverture » carrée de trois pouces qu'on peut faire ronde si l'on désire. On ppli- » que une de ces planches à chaque moitié de la ruche pour former le » côté qu'on a ouvert en sciant ; on l'assujettit avec des petits clous. Par » ce moyen, chaque moitié de la ruche qu'on a sciée, prend la forme » d'une petite caisse ouverte par le bas, telle que l'avait la ruche avant » d'être divisée ; avec cette différence, que les planches qu'on a ajoutées » ne descendent qu'à la hauteur de la porte, de sorte qu'il reste environ » un pouce de distance entre la table et la planche ajoutée. Par consé- » quent, ces deux demi-ruches étant réunies, les abeilles peuvent com- » muniquer aisément de l'une à l'autre par l'ouverture que laisse la planche en dessous et par celle qu'on a pratiquée au milieu (1). »

(1) Jonas de Gélieu, fils de Jacques de Gélieu, est mort pasteur à Colombier (Suisse) en 1827, à l'âge de 85 ans. Il était pasteur à Lignières lorsque vers la fin du XVIIIe siècle, il inventa la ruche qui porte son nom. Jacques de Gelieu s'attribue avec Palteau le titre d'inventeur de la ruche à hausses, qui avait été inventée on ne sait par qui, longtemps avant eux. H. H.

On trouve, dans la *Méthode avantageuse de gouverner les abeilles*, par Dubost, publié en 1800, des applications détaillés de la ruche Gelieu, ainsi que la figure d'un *abeiller* composé uniquement de ruches de ce système, que l'auteur recommande chaudement.

— Féburier a cherché à modifier la ruche de Gelieu : 1° en inclinant le couvercle d'arrière en avant ; 2° en rendant mobiles les planches qui ferment les côtés de droite et de gauche ; 3° en rétrécissant la partie supérieure de ces loges ; 4° en plaçant dans l'intérieur des volets mobiles, destinés à fermer à volonté les ouvertures qui font communiquer les deux sections.

— Ravenel crut que le nombre de deux compartiments adopté par Gelieu et Féburier était insuffisant ; il en ajouta un troisième destiné à rendre la récolte plus facile et à obtenir les produits des abeilles dans un état plus pur. — Mahogani modifia la forme de Ravenel en renfermant les trois compartiments dans une caisse et en couronnant la partie supérieure de cette caisse de bocaux en verre qu'on enlevait successivement dès qu'ils étaient pleins de miel. — Delatre ajouta un quatrième compartiment aux loges de Gelieu et il en modifia la partie supérieure en la terminant en angle, offrant alors quelque analogie de forme avec les lutrins des églises.

— M. Charles Leblond, soi-disant de Gand, s'est mis l'esprit à la torture pour inventer des formes destinées à mettre en pratique ses conceptions excentriques. Parmi ces loges, décorées du titre pompeux d'*industrielles*, il en est une qui a quelques points de ressemblance avec la ruche de Delatre ; elle en diffère cependant en ce que les quatre compartiments, juxtaposés sur les côtés, sont carrés dans leur partie supépérieure et sont de plus couronnés par une caisse moins spacieuse que celle qui est placée dans la partie inférieure.

— Le célèbre apiculteur de Genève avait modifié, lui aussi, la forme à divisions verticales, et voici la description qu'on donne de sa ruche dite à feuillets : « Cette ruche en bois a 14 ou 15 pouces de hauteur, » 1 pied de profondeur et une largeur déterminée par le nombre » de rayons qu'on désire obtenir, à raison de 1 pouce 4 lignes par » rayon. La ruche, au lieu d'être divisée comme celle de Bosc en » deux parties, l'est en autant de parties qu'il y a de rayons ; de ma- » nière que c'est la réunion de huit, dix, ou douze cadres de 16 lignes « de large qu'on réunit ou qu'on sépare à volonté et dont on aug » mente ou diminue le nombre. (Fig. 12.) »

Cette ruche, excellente pour un naturaliste, rend faciles les expériences qu'on veut faire sur les abeilles, mais elle est trop compliquée pour être adoptée par les simples cultivateurs de la campagne. — M. Debeauvoys trouvant la ruche de Huber sous sa main a cru faire une innovation utile en l'embarrassant d'un système de cadres aujourd'hui en faveur. Cette innovation ne peut que rendre plus inacceptables les loges à feuillets, dont l'apiphile génevois ne faisait usage que pour aider les observations qui ont rendu son nom illustre parmi les entomologistes.

Fig. 42. Ruche à feuillets.

XXVII. — *Ruches à compartiments couchés d'arrière en avant.* En 1802, le docteur Serain publia à Paris une *Instruction sur la manière de gouverner les abeilles*, dans laquelle il propose une forme de loges dont voici la description : « Les ruches, dit Serain, que je nomme *coupées* sont bien » moins une nouvelle construction, qu'une disposition particulière des » ruches déjà connues, au moyen de laquelle je crois pouvoir obtenir » tous les avantages qu'on peut désirer, sans aucun inconvénient. Voici » mon idée : au lieu de placer les ruches les unes sur les autres, comme » celles à hausses perfectionnées, ou de les mettre à côté l'une de l'autre, » comme celles de Gelieu, je les place les unes derrière les autres de » manière que ces ruches réunies en forment une longue d'avant en ar» rière; cette ruche sera composée de plusieurs boîtes de dix à douze » pouces en carré, de 4 ou 6 pouces de hauteur, couverte en dessus, » percée devant et derrière d'un trou rond ou carré de deux ou trois » pouces de diamètre, pour qu'il y ait une communication entre les » boîtes réunies qui formeront autant de ruches particulières. »

Serain disait la vérité, sa ruche n'était pas nouvelle; elle ressemblait à celle des habitants de Madagascar modifiée par Canuel (voir fig. 13, page 17) ; ce qui la distingue de cette dernière, ce sont les compartiments qui en divisent le corps en trois sections.

— Les Arabes de l'Algérie se servent pour abriter les mouches à miel d'une loge assez ressemblante à celles de Serain, fig. 14, p. 17. On ne saurait dire s'ils l'ont empruntée aux sauvages de Madagascar, ou bien si ce sont ces derniers qui la tiennent des Arabes (1).

— Un curé de la Bohême, Œttl, l'auteur de *Klauss* (traité allemand d'apiculture), a proposé à son tour une forme de loges pour les abeilles qui semble avoir quelque analogie avec celles que je viens de faire connaître. Cette ruche, fig. 43, ne diffère de celle de Serain que par les cadres mobiles qu'on y a adaptés.

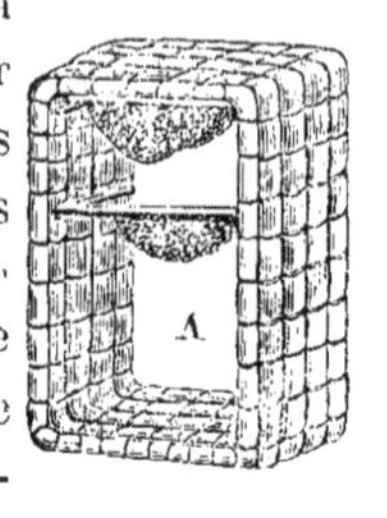

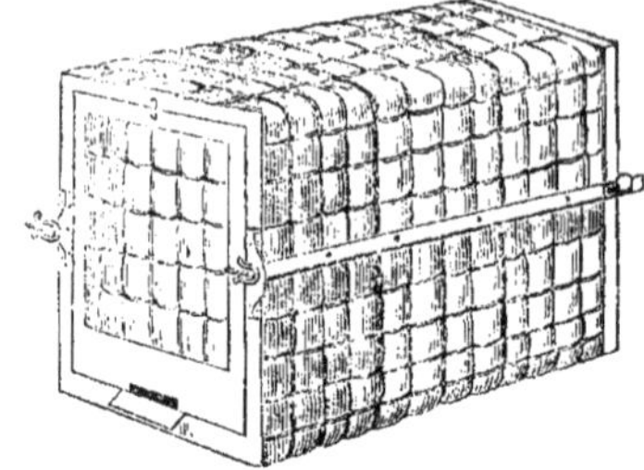

fig. 43. Ruche Œttl.

— M. Greslot en composant sa ruche à arcades avait sans doute cherché ses inspirations dans les formes de loges proposées par le curé de Bohême, et par le docteur Serain. M. l'abbé Bouguet paraît avoir copié jusqu'à un certain point, et sans s'en douter, il faut le croire, les combinaisons architecturales de M. Greslot. M. Leblond, de Gand, a aussi indiqué une ruche, à demi-cintres, qui pourrait avoir emprunté quelque chose à l'un des apiculteurs que je viens d'énumérer. Nous en dirons autant de la ruche Brunet, dont la figure a été donnée, en 1831, dans le journal des *Connaissances usuelles*, et de celle dite du *cultivateur* de Radouan.

XXVIII. — *Ruches à compartiments mixtes.* Il est des ruches dans lesquelles on trouve un mélange de compartiments verticaux et couchés; ce sont ces loges qui vont m'occuper.

— Un curé du diocèse de Mayence, L. Micq, publia en 1806 un *Catéchisme de l'amateur des abeilles* dans lequel on trouve la première idée des divisions mixtes. Ce curé étant convaincu que les loges de Gelieu à divisions couchées avaient quelque avantage, appliqua ces divisions aux ruches à hausses de deux étages. « On peut obtenir, dit-il, le même ré-

(1) Nous renvoyons à notre note de la page 17, et nous ajoutons que la ruche longue, sans ou avec division, était connue du temps de Collumele, il y a 1800 ans, et qu'on s'en servait dans la Pouille (province de Naples); du moins c'est ce que nous assure un prêtre Piémontais, M. Albasini, très-familier avec les auteurs apicoles latins. H. H.

» sultat par le moyen de nos caisses, en les sciant perpendiculairement ;
» les caisses étant construites de cette manière, la ruche est alors compo-
» sée de quatre caisses. »

— Un apiculteur de l'Algérie, M. Bœnsch, a porté plus loin le système de division, adopté par Micq, en partageant d'abord les loges pour les abeilles en deux sections superposées l'une sur l'autre, et puis en divisant crucialement, dans un sens perpendiculaire, le corps entier de la ruche. Par ce genre de combinaison, il arrive que chaque loge est transformée en quatre sections formant chacune un angle de l'habitation pour les mouches à miel, fig 44. Je n'ai pas besoin d'ajouter que ces quatre sections sont isolées entre elles par un grillage dont les barreaux se rapprochent de manière à ne pas gêner le passage des abeilles d'un compartiment à ceux qui l'entourent dans divers sens.

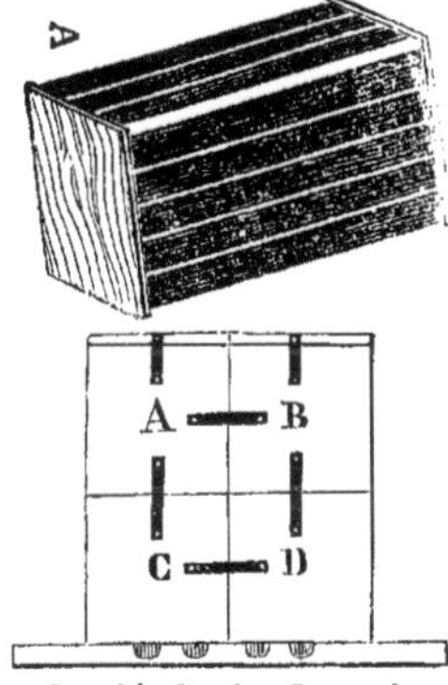

fig. 44. Ruche Bœnsch.

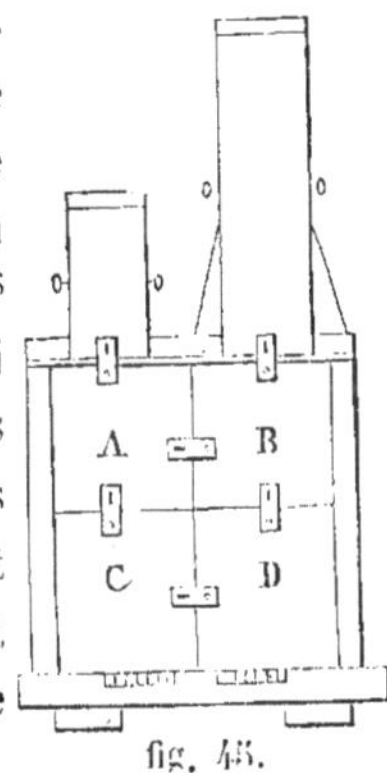

fig. 45.

M. Bœnsch a modifié sa ruche en y ajoutant un ou deux chapiteaux ne logeant qu'un rayon, fig. 45. Ces chapiteaux étant munis de vitres ne sont employés que pour l'observation.

— M. Defaux est l'auteur d'un système de loges appelé par lui *polytrope*, qui tient des idées de Micq par quelques points. Celui-ci admet deux hausses couronnées par un chapiteau concave. La hausse inférieure n'offre rien de particulier, mais celle qui s'élève au dessus d'elle est divisée perpendiculairement en deux sections (Fig. 46).

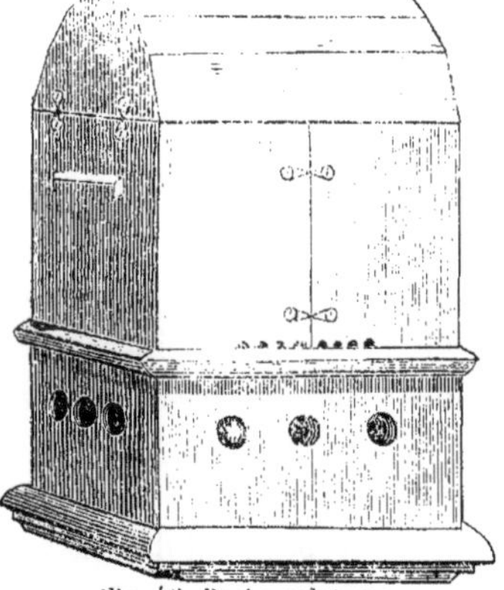

Fig. 46. Ruche polytrope.

Les combinaisons de forme proposées par M. Defaux peuvent avoir quelque avantage. Elles permettent de récolter dans le chapiteau un miel aussi pur qu'on peut l'espérer ; la hausse centrale rend facile les mélanges de peuplades et la formation d'essaims artificiels. Si une telle loge n'était pas trouvée trop compliquée par les simples cultivateurs, si elle permettait d'être construite avec de la paille, il est hors de doute qu'elle mériterait de fixer leur attention.

XXIX. — *Ruches adjacentes.* — Il est des propriétaires d'abeilles, qui, pour obtenir des essaims naturels avec facilité, ou bien pour faire la récolte du miel sans se donner beaucoup de peine, ont eu l'idée de rapprocher deux ruches, l'une vide, l'autre pleine, et de les mettre en communication constante.

— Un médecin d'Aix, M. Darbaud, est peut-être le premier qui a cherché à juxtaposer deux ruches dans ce double but. *Le Traité sur les abeilles* publié par Pingeron en 1781, reproduit l'indication du procédé adopté par le médecin d'Aix.

— En 1822, Caignard fit paraître un livre sur les mouches à miel portant pour titre, *École pratique de la Prée sur les abeilles.* Dans ce livre Caignard se donne comme fondateur d'École, et il adopte les ruches géminées ; il place la loge vide sur le devant, et la loge pleine sur le derrière. C'est donc à travers la première habitation vide que devaient passer les insectes mellifères pour arriver jusqu'à leurs constructions circuses.

— Un apiculteur anglais, appelé Nutt, a agrandi, sans mesure, l'idée de Darbaud, ou de Caignard, et il a donné, comme une innovation merveilleuse, une ruche à trois tours, ayant quelque ressemblance avec un château du moyen âge, fig. 47. Avec cette ruche, disait son inventeur, on simplifie la culture des abeilles et on obtient de ces insectes des produits d'une abondance phénoménale. Cette annonce était trop séduisante pour ne pas appeler l'attention publique sur le système de Nutt. Sa ruche eut une vogue extrême au delà de la Manche ; en France elle fut recherchée par un grand nombre de cultivateurs d'abeilles. Mais cet enthousiasme dura peu ; l'expérience prouva qu'en suivant les procédés de l'apiculteur anglais on avait beaucoup de miel lorsque la récolte des fleurs était abondante autour des abeilles, mais qu'on en avait peu si la floraison des plantes était entravée par des contre-temps atmosphériques. La ruche de Nutt ne se montra jamais plus avantageuse dans ce cas que les loges ordinaires, et elle ne tarda pas à tomber dans l'oubli.

On a accusé Nutt d'avoir copié la ruche de Ravenel ; c'est là une accusation mal fondée. Ce dernier avait divisé ses loges en trois compartiments couchés de droite à gauche, mais il n'avait pas songé à rapprocher trois loges complètes, pouvant recevoir chacune une peuplade distincte en les isolant comme elles le sont dans les ruches ordinaires.

Si Nutt a puisé son idée en France, c'est au médecin d'Aix, ou bien à l'École de la Prée qu'il pourrait en être redevable. Darbaud et Caignard ne s'étaient pas bornés, comme Ravenel, à modifier le nombre des divisions de leurs loges, mais ils avaient rapproché deux de ces habitations de manière à les faire communiquer entre elles.

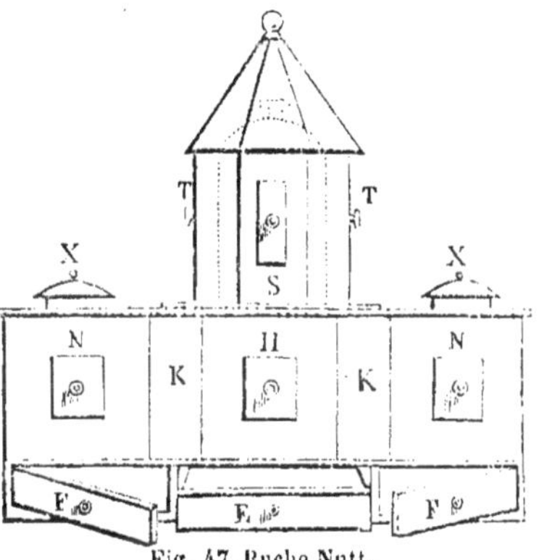

Fig. 47, Ruche Nutt.
TT, Chapiteau principal; XX, Bocaux; HNN, Compartiments séparés; KK, Vestibules; EFF, Tiroirs nourrisseurs;

L'apiculteur anglais, au lieu de rapprocher deux loges bien distinctes voulut en porter le nombre à trois; il voulut aussi ajouter des tiroirs dans les parties inférieures, fig. 5; tous ces changements n'avaient pas, comme on le voit, une grande valeur, et ils ne suffisaient pas pour donner à Nutt le titre d'inventeur. Le temps, ce juge souverain de toute chose, a fait justice du système apicultural anglais, et aujourd'hui il serait à peu près inutile d'en faire ressortir l'inanité.

— Pendant que ce système passionnait les apiculteurs français, M. Thierry-Mieg fit paraître (en 1844) un *Mémoire sur la culture des abeilles,* dans lequel il propose de remplacer le bois par la paille en construisant la ruche à trois tours de Nutt. C'était là un moyen de rendre moins dispendieuses les loges pour les abeilles et de donner aux constructions de Nutt des chances d'un succès longtemps soutenu, si toutefois les promesses trompeuses qu'il avait faites n'étaient pas de nature à les faire bientôt oublier.

XXX. — Nous devons dire un mot des ruches d'observation, bien qu'elles ne constituent pas un système à part. Une bonne ruche d'observation, une ruche qui mérite ce nom, doit permettre de visiter toutes les parties des édifices des abeilles, et de suivre tous leurs travaux sans les déranger. On en a fait d'un grand nombre de façons dont la plus grande partie ne sont que des boîtes vitrées. On raconte qu'un sénateur romain en fit construire une en corne transparente, autant que peut l'être la corne. On voit des amateurs se servir de cloches en verre. Mais toutes ces ruches ne se prêtent pas à une observation complète. La ruche à feuillets permit à Huber de porter ses investigations d'un bout à l'autre des édifices; mais la ruche à feuillets a aussi ses inconvénients : devant être ouverte chaque fois qu'on veut faire une observation, les abeilles peuvent se jeter sur l'observateur et le contraindre à fuir. « Il n'est qu'une sorte de ruches, dit Bosc, qui puisse remplir complétement l'objet du philosophe observateur et du naturaliste : ce sont celles qui ne sont composées que par un seul rayon parallèle aux carreaux. »

Depuis Bosc, plusieurs apiculteurs ont modifié la ruche plate, qui présente le grand avantage de laisser voir tous les travaux des abeilles, mais qui a l'inconvénient de n'être pas habitable en hiver, ou du moins dans les latitudes froides, attendu que les abeilles n'y peuvent entretenir le degré de chaleur dont elles ont besoin. Il importe cependant de faire des observations pendant la saison froide. Dans ces cas, on est obligé de recourir à la ruche à feuillets, ou mieux à celle à cadres mobiles, qui en est une modification; mais on peut réunir la ruche plate, proposée par Bosc, à la ruche à cadres, et avoir ainsi une combinaison qui permette l'observation en toute saison. C'est ce que nous avons fait dans la ruche fig, 48. Cette ruche se compose donc de deux parties principales : un corp de ruche qui reçoit six cadres (il peut être construit pour en recevoir davantage), et un chapiteau qui ne loge qu'un cadre. Le corps de ruche se compose d'une boîte de 40 centimètres de hauteur sur 40 centimètres de largeur, et 22 centimètres d'épaisseur dans œuvre, ayant deux châssis mobiles, recouverts de volets également mobiles qui permettent l'entrée et la sortie des cadres. Ces cadres, de 35 centimètres de haut sur 385 millimètres

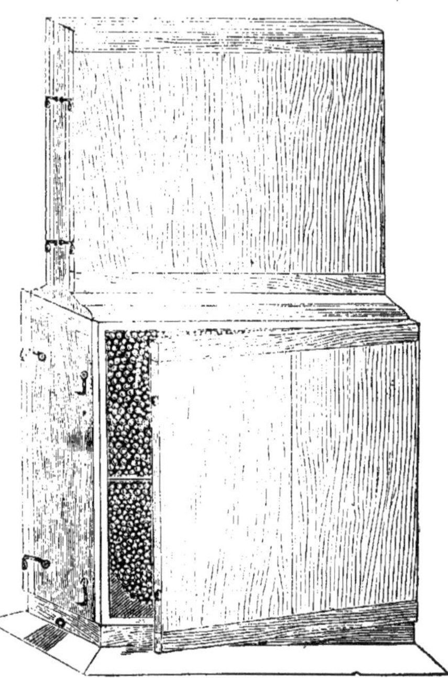
Fig. 48. Ruche d'observation.

de large, et 3 centimètres d'épaisseur, circulent sur deux tasseaux de 1 centimètre d'épaisseur, attachés à 4 centimètres du fond inférieur de la ruche; leur distance est conservée au moyen de pointes fixées dans les côtés des montants. Le chapiteau a deux volets, mais il n'a qu'un seul châssis mobile pour l'entrée du cadre que l'on veut particulièrement observer. Une issue est ménagée au corps de ruche pour les abeilles qui se rendent dans le chapiteau. H. H.

XXXI. — *Conclusion.* — Je résume, en terminant ce travail, quelques-unes des conclusions qui en découlent. — 1° Les formes de loges pour les abeilles, décrites jusqu'ici sans aucun ordre, ont été classées et ramenées à un certain nombre de types distincts. — 2° Chaque type, marqué par des caractères faciles à constater, a une origine bien indiquée et toutes les imitations, variétés ou copies de ces types, ont été soigneusement signalées. — 3° En suivant la filiation des variétés de forme, il m'a été facile de faire connaître les véritables inventeurs et de réduire à leurs simples droits les copistes présents ou passés. — 4° Ce n'est pas tout encore, l'étude à laquelle je viens de me livrer, en mettant en relief toutes les variétés de ruches un peu importantes, a permis de dire, sans crainte d'errer, que la forme la plus simple, la moins dispendieuse, quand elle est divisible en plusieurs sections horizontales, est celle qui peut le mieux convenir aux apiculteurs et avoir quelque chance de durée parmi eux. — 5° Je n'ai pas besoin d'ajouter que l'étude à laquelle je me suis livré a prouvé, une fois de plus, que la forme des loges a une influence incontestable sur les opérations apiculturales; elle peut les simplifier ou les rendre plus faciles; elle peut aussi assurer la pureté des produits et favoriser la conservation des insectes mellifères; mais dans aucun cas elle ne saurait rendre les produits plus abondants. Les inventeurs de ruches qui ont eu cette prétention trompaient les éleveurs d'abeilles, et l'expérience est venue prouver qu'il ne fallait pas ajouter foi à de pareilles promesses.

APPENDICE

Les ruches rondes et les ruches carrées (1).

Dans ces derniers temps, on en a dit et écrit contre la forme carrée des ruches pour prôner la forme ronde. Les partisans de cette dernière forme s'étayent sur des raisonnements plus ou moins spécieux pour justifier leur préférence, et ces arguments, M. le docteur Buzairies les a résumés dans son *Examen et description des ruches anciennes et modernes*, lorsqu'il dit, p. 230 de l'*Apiculteur* (5e année), — page 4 de ce volume :

« La forme ronde, ou cylindrique, a une influence bien marquée sur la » température des loges pour les abeilles. Cette influence se montre d'une » manière plus apparente lorsque les surfaces intérieures des cylindres » sont polies et de couleur blanche. La physique prouve, en effet que les » rayons de chaleur partant de l'axe du cylindre, point occupé par l'es- » saim d'abeilles, par la mère et le couvain, vont se réfléchir sur les sur- » faces concaves, en formant un angle d'incidence égal à l'angle de ré- » flexion. En vertu de cette loi, les rayons caloriques émanés du centre de » la ruche, et réfléchis sur ses parois, reviennent au centre par le rayon- » nement. Cette marche devient même plus facile si les rayons de chaleur » tombent sur des surfaces blanches et polies. Il n'en est plus ainsi dans » les loges carrées; les rayons caloriques qui y partent du centre vont tom- » ber sur les parois, et ils se réfléchissent des uns aux autres sans jamais » revenir vers l'axe du cylindre. De là il arrive que la température est plus » variable dans l'intérieur des ruches carrées, et surtout vers leur partie » centrale, que dans les ruches arrondies. »

Nous regrettons de nous trouver ici en désaccord avec M. Buzairies qui nous pardonnera, nous l'espérons, et d'autant plus facilement que, l'un et l'autre, nous travaillons de bonne foi, et uniquement dans l'intérêt de l'art apicultural. Nous ne prétendons point non plus venir faire le procès de la ruche ronde en faveur de la ruche carrée, mais tâcher de réhabiliter cette

(1) Nous donnons cette étude critique pour que le lecteur soit à même, après l'expérience, d'assoir son jugement. Elle est de M. D. Huillon, apiculteur à Trionville (Meuse), et elle a paru dans la 6e année de l'*Apiculteur*.

dernière dans l'esprit de nos apiculteurs, et leur montrer qu'elle n'a ni plus ni moins, mais autant de mérite que la première.

Cette théorie de la concentration du calorique dans les ruches, paraissant vraie de prime-abord, n'est applicable, dans toute son étendue, qu'aux essaims nouvellement logés et n'ayant pas encore de constructions pour gêner le rayonnement, c'est-à-dire dans une saison où la chaleur est toujours trop forte.

En effet, en hiver les abeilles se pressent entre les gâteaux de cire vers le milieu de leur habitation. D'où partent alors les rayons caloriques émanant des abeilles ainsi groupées, et où aboutissent-ils? Ces rayons partent du pourtour de chaque portion d'abeilles groupées dans les intervalles entre les gâteaux. Une grande partie de ces rayons caloriques vont tomber sur les bouts des gâteaux environnants pour se réfléchir indéfiniment et se perdre dans les différents points de la ruche. Ceci est commun aux ruches rondes et carrées. L'autre partie de ces rayons caloriques va aboutir sur les parois de la ruche, dans l'espace laissé libre par l'intervalle des gâteaux, pour être réfléchi selon la disposition de ces parois.

Dans les ruches rondes, il n'y a que les rayons caloriques partant de la portion du groupe d'abeilles occupant l'intervalle des deux gâteaux du milieu qui sont réfléchis vers leur source et ne sont pas perdus pour ces abeilles. Les rayons caloriques émanant des abeilles logées entre les autres gâteaux occupant les côtés vont tomber sur les parois concaves de la ruche pour se répercuter et se perdre dans l'extrémité des gâteaux, en vertu de cette loi que l'*angle d'incidence est égal à l'angle de réflexion.*

Dans les ruches carrées, surtout dans celles dont les gâteaux sont dirigés parallèlement aux parois et aboutissent sur les autres parois adjacentes, les rayons caloriques émanant des extrémités de toutes les portions d'abeilles groupées entre les gâteaux vont tomber perpendiculairement sur les parois latérales et supérieures planes pour retourner vers la source d'où ils émanent. Dans ces ruches, lors même que les gâteaux ne seraient pas dirigés parallèlement aux parois, les rayons caloriques allant frapper la paroi supérieure retournent encore à leur source.

Comme on le voit, la déperdition du calorique n'est pas plus forte dans les ruches carrées, que dans les ruches rondes, et rien ne justifie la préférence que l'on accorde à cette dernière et les inconvénients que l'on reproche si gratuitement à la ruche carrée. Les faits, du reste, donnent pleinement raison à notre assertion; et les faits seront toujours pour nous les censeurs les mieux écoutés.

Que l'on place des thermomètres au centre des groupes d'abeilles dans des ruchées de mêmes forces et les résultats seront identiques dans les ruches rondes et carrées. Nous nous servons aussi indistinctement de ruches de ces deux sortes, et des expériences comparatives réitérées n'ont encore pu nous faire établir de préférence au point de vue de l'hygiène des abeilles et de la production.

Quant à la déperdition du calorique à travers les gâteaux bornant le groupe d'abeilles de chaque côté, nous pensons qu'elle est, sinon nulle, du moins peu sensible, la cire étant un corps mauvais conducteur du calorique. Cette déperdition est encore moindre si les gâteaux sont vieux, c'est-à-dire s'ils sont tapissés de coques de couvain qui tendent toujours à les rendre moins bons conducteurs de la chaleur. Ceci donne raison, d'ailleurs, de la propension bien marquée des abeilles à habiter les gâteaux vieux préférablement aux nouveaux (voir l'*Apiculteur*, p. 129, 4e année).

De ce qui vient d'être dit, il résulte aussi que la déperdition du calorique dans les ruches en hiver est d'autant plus abondante que les abeilles occupent un plus grand nombre de gâteaux et qu'elles les couvrent sur une surface moindre, et, au contraire, cette déperdition est d'autant moindre que les abeilles occupent moins de gâteaux et sur une plus grande surface, la perte de la chaleur ne pouvant guère avoir lieu que des extrémités du groupe, dans les intervalles des gâteaux. D'après cela, l'apiculteur devrait donc apporter son attention à construire les ruches et à diriger les gâteaux des abeilles de façon à obtenir ces gâteaux moins nombreux et plus grands, afin, outre les autres avantages qui sont attachés à cette disposition (voir l'*Apiculteur*, p. 47, 4e année), de ménager la perte du calorique en hiver ; car chacun sait que la faculté calorifique des abeilles, comme de la plupart des animaux, est proportionnée à l'abondance et à l'énergie de la nutrition, et moins les abeilles dépenseront de calorique, moins elles consommeront de provisions. Cette économie sur leur ration d'entretien se changera en ration de produit.

On nous reprochera peut-être de nous être arrêté trop longuement sur ces détails qui pourront paraître superflus à certains praticiens, mais nous pensons que la plupart y porteront intérêt et nous tiendront compte de notre bonne volonté. Nous nous estimerons toujours heureux si nous pouvons aider à faire faire le moindre pas à notre chère apiculture ; car, que de chemin à faire, que de progrès à réaliser encore dans la théorie et dans la pratique apicole

Sur les toits des ruches.

Tant de mal a été dit au sujet des ruches plates, que divers apiculteurs ont cru devoir employer un dessus incliné, comme un toit de maison. Au moyen de cet expédient la loge est saine, disent-ils, et, selon eux, l'humidité intérieure se dirigerait dans le sens de la pente sans atteindre les abeilles ni les rayons. Telle est la merveilleuse propriété dont seraient douées les ruches à dessus obliques. Ici, les illusions tiennent la place des réalités. Il faut croire que les inventeurs n'ont jamais eu la pensée de faire la vérification de l'existence du prétendu phénomène, car l'observation aurait démontré que l'écoulement des vapeurs a lieu en suivant une direction autre que celle tracée par leur imagination.

Voici une ruche à dessus oblique à simple pente; l'inclinaison est très-prononcée; la loge est pleine de constructions; les abeilles ont bâti selon leur caprice, comme cela arrive quand rien ne les dirige. Ces insectes ont disposé leurs rayons on ne sait comment à cause de la forme anguleuse, aussi gênante pour eux que pour l'apiculteur. Après avoir pratiqué un grand nombre de trous dans le toit, vers la ligne la plus élevée et à côté, placez la loge au-dessous du robinet d'une pompe, de manière que l'eau y pénètre en abondance. Quand vous croirez que l'inondation est complète, examinez l'intérieur, et vous reconnaîtrez que le côté latéral le moins élevé est aussi sec qu'avant la douche : pas une goutte d'eau n'y est parvenue. Pourquoi en serait-il autrement, puisque l'écoulement vers le bord a été empêché par les constructions établies en travers de la pente?

Ainsi l'inclinaison du toit, à part sa bizarerie, son incomodité dans la pratique, et tous les inconvénients qui résultent de la présence d'angles aigus et obtus, n'a pas le mérite qu'on a voulu lui attribuer; son moindre défaut est d'être inutile. Voilà mon opinion (1).

C'est aussi la nôtre toutes les fois que les colonies sont populeuses et bien fournies de provisions. La condensation de la vapeur dans les ruches n'a pas lieu quand les parois de la loge (dessus et côtés) sont épaisses.

H. H.

Des ruches à la mode.

Depuis longtemps il y a eu des ruches à la mode : ces ruches ont été celles des auteurs en vogue. Mais depuis une cinquantaine d'années, que la publicité est devenue plus grande, l'épidémie de ces ruches s'est accrue

(1) Ainsi s'exprime M. J. Greslot sous le pseudonime d'un *amateur*.

d'une manière sensible : aux auteur courus, il a fallu ajouter les médailles décernées, n'importe par qui et comment. Dans ces derniers temps surtout, le mal serait devenu incurable si l'*Apiculteur* n'avait surgi pour le combattre. Il y a dix ans nos amateurs ne s'abordaient pas sans parler de la ruche Debeauvoys, comme ceux d'il y a trente ans le faisaient de la ruche Nutt. Malgré le récit merveilleux qu'on a fait de ces ruches, nos grands producteurs apicoles sont restés indifférents. C'est qu'ils ne procèdent que par conviction et par économie, et qu'ils n'adoptent jamais une ruche sans connaître l'adresse du marchand qui vend les produits fournis par cette ruche. Si bon nombre ont adopté la ruche à calotte, comme dans le Calvados, ou à cabochon, comme dans une grande partie de l'Est, ou encore la ruche à hausses en paille ou en bois selon que ces matières se trouvent à leur portée, c'est que ces ruches ont fait leurs preuves et qu'elles ont tenu àpeu près ce qu'elles promettaient.

Mais ce n'est pas demain qu'on les verra s'embarquer au Havre ou à Nantes pour aller faire un choix dans les cinquante ou soixante merveilles brevetées qui trônent au capitole de Washington. Ils attendront que les amateurs et les enthousiastes en aient essayé à leur corps défendant. Ils ne feront pas même franchir le Rhin à un seul spécimen de la ruche Dzierzon, le grand-prêtre actuel de l'apiculture allemande, quoique les cent voix de la renommée germanique en fassent une merveille bien supérieure aux soixante merveilles américaines.

Il ne s'agit plus de la *ruche silésienne* dont il a été parlé à la page 31, mais d'une autre, ayant comme la première des barrettes mobiles, appelée ruche jumelle, fig. 49, à cause des deux loges latérales dont elle est formée.

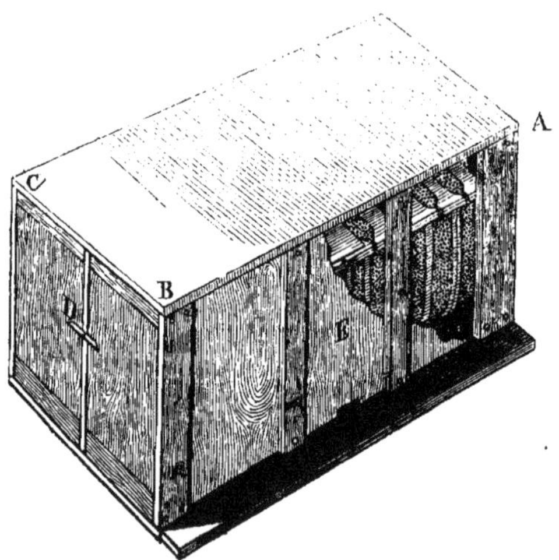

fig. 49 Ruche Jumelle de Dzierzon

Le système de Dzierzon n'est autre que celui des anciens Grecs modifié (voir page 38) Sa ruche jumelle se compose d'une boîte longue divisée en deux dans sa longueur. Elle mesure à l'intérieur 0. 68

de A en B, 0.44 de largeur de B en C, et 0.36 de hauteur. Les parois sont faites de planches légères de sapin posées, non dans le sens de la longueur de la ruche, mais en travers, de telle sorte que le jeu du bois n'altère en rien les dimensions en hauteur et en largeur de la capacité intérieure. La paroi supérieure qui forme le plafond de la ruche et celle inférieure qui en fait le plancher, font saillie d'environ 5 centimètres sur la paroi de devant. Au-dessous de la saillie du plafond et au-dessus de celle du plancher sont cloués deux forts liteaux qui donnent une plus grande solidité à l'ensemble et qui forment une espèce d'encaissement destiné à recevoir un épais revêtement de paille. Quatre petits liens cloués verticalement contre les liteaux servent à maintenir cette paille et la couverture de roseaux ou d'osier qui en forme l'extérieur. L'ouverture d'entrée pour les abeilles est pratiquée dans l'épaisseur du liteau inférieur et à 3 centimètres à peu près au-dessus du plancher de la ruche. Pour faciliter l'entrée et la sortie des abeilles, on place au-dessous de cette ouverture une planchette de 9 centimètres, qui, pénétrant quelque peu dans le liteau lui-même avec une légère inclinaison, sert en même temps de renvoi d'eau. Quant aux portes des extrémités, A et D, elles sont fermées par de fortes planches en bois de peuplier ou tout autre également léger et chaud, entrant dans deux battues pratiquées dans les deux parois latérales de la ruche et maintenues simplement par le haut ou par le milieu au moyen d'un petit tourniquet, D. Les planchettes destinées à porter les rayons doivent courir librement dans deux rainures pratiquées intérieurement dans les deux parois latérales à la distance de 7 centimètres du plafond. Une coupure E, pratiquée dans la figure ci-dessus, laisse voir la disposition des rayons mobiles. La capacité intérieure de la ruche se trouve ainsi divisée par un grillage en deux parties fort inégales, dont la supérieure n'est ouverte aux abeilles que lorsque les constructions de la plus grande sont à peu près achevées, et qui leur sert alors de magasin à miel pour leur propre usage. En outre, pour restreindre la capacité intérieure de la ruche, qui peut être trop grande en certaines circonstances, on la divise verticalement par une planche ou par un vitrage qu'on peut à volonté avancer et reculer dans l'intérieur. Les deux trous qui servent à saisir cette cloison mobile servent en même temps de passage aux abeilles, quand on veut qu'elles puissent construire des rayons et entasser leur miel dans le compartiment qu'on a ainsi formé. Enfin, à la face postérieure de la ruche et au niveau du plancher, on pratique une ouverture de 0.04 de hauteur et de 0.07 de longueur, à distance égale des deux extrémités. Cette porte, qu'on ferme à volonté par un petit tasseau, est destinée à servir de communication entre deux ruches jumelles justaposées, quand on veut diviser ou réunir les colonies.

Le dessus d'une ruche jumelle forme une surface à peu près carrée sur laquelle on peut poser une autre ruche, et quatre ruches superposées forment un pavillon de huit ruches qu'on peut garantir par un petit toit rustique. Cette disposition offre aux abeilles l'avantage de plus de chaleur en hiver.

Comme toutes les ruches à feuillets et à cadres mobiles, la ruche à rayons mobiles de Dzierzon, en facilitant certaines opérations, peut rendre de bons services aux observateurs ; elle a permis à son inventeur de fractionner les colonies italiennes qu'il a introduites et propagées à gros bénéfices en Allemagne. Mais, à cause de sa complication et de son prix élevé, elle ne saurait convenir aux simples producteurs de miel. H. H.

— *P. S.* Les planchettes des planchers à grillage (claire voie) doivent toujours être établies dans le sens de l'entrée de la ruche et non en travers. Sont mauvaises les dispositions de la figure 22, page 38 ; de la figure 30, page 46, et de la figure 36, page 47.

Fabrication des ruches en paille.

Nous avons pensé qu'une étude sur les ruches devait se terminer par quelques mots sur la confection des ruches en paille, celles qui doivent être le plus préférées dans beaucoup de localités, et sur les modifications qui ont été apportées dans cette confection. De temps immémorial ces ruches ont été fabriquées à la main, de la même façon que les paniers à cuire le pain dont se servent la plupart de nos ménagères. On n'avait pour guide que l'œil et le coup de main, guide très-incertain pour les personnes peu exercées. Aussi Lombard imagina-t-il un moule circulaire afin d'obtenir une régularité plus grande et un diamètre uniforme ; mais ce moule n'abrége pas la besogne. Ce n'est que depuis une quinzaine d'années, depuis que la mécanique s'est mise au service de toutes les branches de l'activité humaine, qu'on a pensé à avoir recours à la machine pour abréger cette fabrication, et c'est aux Allemands qu'on doit l'invention des premiers métiers à façonner les ruches en paille. On trouve, dans le *Cours pratique d'apiculture*, la description et la figure du métier OEttl qui a donné naissance à tous ceux imaginés jusqu'à ce jour, et parmi lesquels nous nous arrêterons principalement au métier Durant, et au métier Lelogeais.

Le métier Durant, fig. 50, se compose de deux parties distinctes (en quelque sorte des deux métiers) : la première, qui sert à façonner des corps de ruche droits et des hausses ; la seconde, qui sert à façonner des ruches coniques (ruches vulgaires) et des chapiteaux. La première partie est la plus importante ; elle se compose d'une table sur laquelle est établi l'appareil à fabriquer les cordons droits. La légende ci-jointe fait connaître les fonctions des diverses pièces de ce métier.

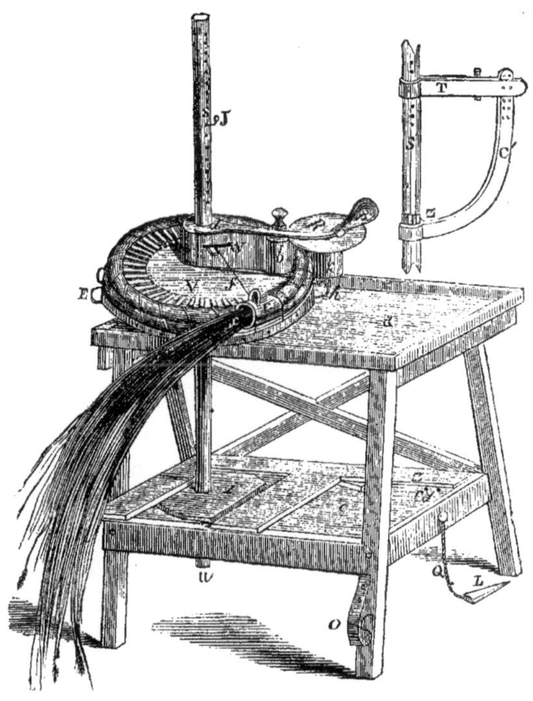

Fig. 50. Métier Durant.

S, arbre vertical faisant corps avec V et I, le premier servant à coudre la paille régulièrement, le second à arrêter en temps utile.

J, point d'arrêt mobile pour régler la hauteur des hausses.

P, poignée du cylindreur, manivelle qui aplatit et égalise le cordon.

K, galet à double effet cylindrant horizontalement et verticalement.

b, galet simple opérant avec K.

R, rondelle mobile opérant avec les galets.

d, corps du chariot cylindreur.

W, ouverture extérieure correspondant avec celle inaperçue intérieure pour pouvoir loger autour de l'arbre le guide du calibre *c*.

V. pièces circulaires en bois, dites plateaux superposés, avec retraite circulaire pour loger le premier cordon des hausses.

f, guide de calibre qui enveloppe l'arbre et qui s'accroche au point g, au calibre.

c, calibre en fer-blanc redoublé, en forme de cône tronqué, garni d'une bague en cuivre formant bourrelet sur sa gauche.

E, main de fer retirée du travail et la pointe tournée en dessous du plateau pour ne pas gêner, et pour la trouver à sa place au premier besoin.

h, main de fer aussi, maintenant le cordon dans son encastrement, que l'on a soulevé avant de l'y introduire et pressé la paille à sa hauteur.

x, continuation du cordon de paille.

a, charpente de table qui est, lorsqu'on a enlevé l'arbre vertical S, une petite table fort commode pour les besoins domestiques.

I rondelle circulaire emprisonnée par des recouvrements à l'orifice de son cercle, destinée à tourner de gauche à droite et à ne pouvoir faire le contraire.

u, tourillon central.

e, table inférieure qui reçoit un poids pour empêcher le métier de bouger.

O, brise-osier.

E, coin tenu par la ficelle E et qui sert à empêcher la table de boiter.

Z, vis à bander le ressort r, *y*, formant arrêt.

L'orsqu'on veut commencer une hausse ou un corps de ruche, on place de la paille sur l'extrémité de la pièce circulaire V, ainsi qu'on le fait sur le moule Lombard ; on attache provisoirement cette paille au métier, c'est-à-dire qu'on commence à coudre avec une ficelle qui passe dans le métier; puis on coud avec une lanière quelconque, ronce, tille, ou jonc, qui ne passe plus dans le métier. Le premier cordon est fixé à la pièce circulaire par des mains de fer E *h* qui, d'un côté, entrent dans le bois du métier et de l'autre dans la paille du cordon. Au fur et à mesure que les cordons montent, le cylindreur monte également, et il ne s'arrête qu'au point J, ou piton mobile qui règle la hauteur des hausses. Le cordon s'achève en diminuant la paille ; il se commence dans les mêmes conditions. La rondelle R l'aplatit et fait que la hausse est terminée horizontalement, ainsi qu'elle a été commencée.

La seconde partie, C, S, T, celle qui sert à fabriquer les chapiteaux coniques et les ruches en cloches d'une seule pièce, est beaucoup moins compliquée que la première. Elle n'est pas précisément un métier ; c'est plutôt un régulateur, une sorte de moule à l'aide duquel on obtient une courbure régulière. Le travail commence en Z, la paille se fixe en cet endroit au moyen d'un étui qu'on ne peut indiquer ici. Pour le reste, on opère comme dans la fabrication des ruches à la main, en ayant soin d'appuyer constamment le cordon contre la courbe C. Ce point d'appui régularise la forme et facilite le cousage, opération qui se fait, dans les deux cas, comme lorsqu'il s'agit de coudre à la main. Mais elle est plus rapide et plus facile à cause du point d'appui. Pour chaque courbure différente du chapiteau ou de ruche conique, il a une pièce de rechange C. (Voir pour des détails plus étendus le *Cours d'apiculture*, *et l'Apiculteur*, 4e année).

Le métier Lelogeais, fig. 51, se compose aussi de deux parties (deux

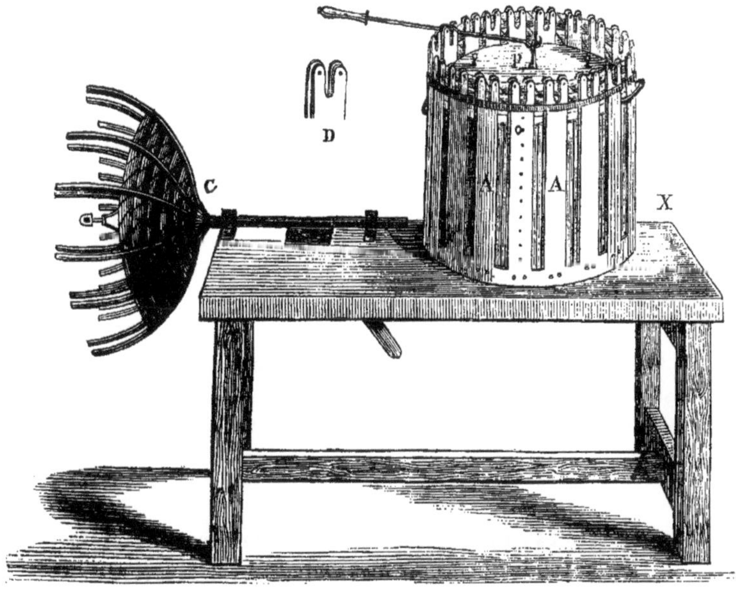

fig. 51. Métier Lelogeais.

X, lanterne ou moule à façonner les hausses et corps de ruche droits.
AA, barres de la lanterne.
D, dents entre lesquelles on place la paille.
P, piton qui sert de point d'appui au levier pressant la paille.
C, métier à façonner les chapiteaux coniques.

métiers), l'une qui sert à façonner des hausses et des corps de ruche droits, et l'autre des chapiteaux en dôme. La première partie est la principale c'est une sorte de lanterne composée de deux haies parallèles et circulaires de montants en bois AA, terminés par des dents entre lesquelles se place la paille nécessaire pour former les cordons de la ruche. En P, est un pivot qui reçoit un levier destiné à presser la paille l'orsqu'elle est introduite dans la ruelle formée par les dents dont nous venons de parler. Des pitons en fer se fichent dans ces dents et retiennent la paille pressée. Une rondelle circulaire et mobile reçoit la première couche de paille, celle qui doit former le premier cordon. Cette rondelle descend au fur et à mesure que les cordons augmentent. Ce métier est construit sur les principes de celui de OEttl ; il en diffère en ce qu'il est plus léger et plus maniable. La couture ne s'y fait pas en une seule fois comme dans le métier OEttl, mais par couche, autrement dit par cordon, comme dans la fabrication à la main, avec la différence qu'on coud un cordon sans désemparer, attendu que ce cordon ou couche est entièrement formé avant que d'être cousu, ce qui en abrége le façonnement.

La partie C, qui sert à façonner les chapiteaux en dôme, se compose d'une double haie de pièces de fer courbes et parallèles entre lesquelles se met la paille servant à former les cordons. La haie intérieure est mobile et par là rend facile l'enlèvement du chapiteau lorsqu'il est achevé.

Nota. — Le métier Durant à construire les corps des ruches coûte 25 fr. et chaque pièce de rechange pour les ruches coniques 2.50. (s'adresser M. Legardeur, fabricant à Blercourt, — Meuse). — Le métier Lelogeais à construire les hausses coûte 30 fr. et celui à construire les chapiteaux coniques, 35 fr. (s'adresser à M. Lelogeais, à Dammartin, — Seine-et-Marne).

Errata. Page 44, ligne 14, lisez: *horizontaux* au lieu de verticaux. Page 47, ligne 16, lisez encore: *horizontaux* au lieu de verticaux.

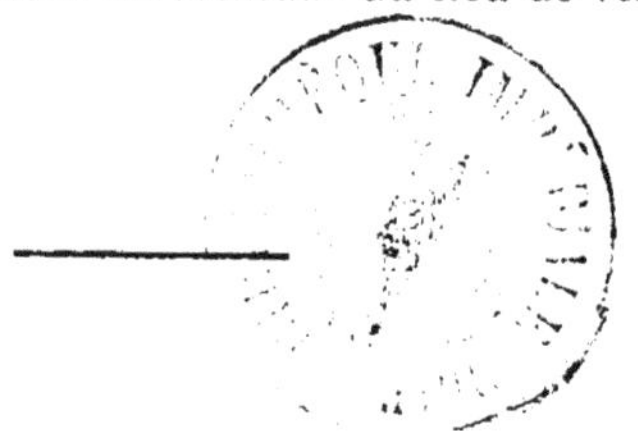

TABLE DES MATIÈRES

L'APICULTEUR

JOURNAL

DES CULTIVATEURS ET AMATEURS D'ABEILLES

SOUS LA DIRECTION

M. H. HAMET.

Prix : 6 fr. par an. — BUREAUX : rue St-Victor, 67, à Paris.

Chaque branche de l'industrie, du commerce et des arts, a aujourd'hui son journal spécial, qui fait ressortir l'importance des intérêts qu'il représente, signale les besoins, indique les débouchés, aide aux développements de la production, en divulguant les bonnes méthodes et les découvertes nouvelles. C'est, du moins, le but qui s'est proposé le journal des cultivateurs d'abeilles, fondé en 1856, et qui compte actuellement un grand nombre d'abonnés parmi les meilleurs praticiens du Gâtinais, de la Champagne, de la Normandie, du Narbonnais et d'autres contrées favorables aux abeilles.

Depuis sa fondation, l'*Apiculteur* s'est appliqué à décrire avec clarté et précision les procédés rationnels de soigner les abeilles et de façonners leurs produits, à faire connaître les inventions et améliorations nouvelles, et à signaler les systèmes défectueux. Il est ainsi devenu un recueil indispensable à tous les possesseurs d'abeilles jaloux de suivre le progrès.

Le Journal paraît régulièrement du 1er au 5 de chaque mois, en cahier de 32 pages in-8, avec figures intercalées dans le texte, et couverture de couleur. Il contient : 1° une chronique dans laquelle sont consignés les faits les plus nouveaux; 2° la manière d'opérer des apiculteurs de chaque province; 3° une appréciation de chaque système de ruches avec la méthode de les conduire; 4° la manière de faire les essaims artificiels, les transvasements, l'asphyxie momentanée, le mariage des colonies, d'obtenir de beau miel et de belle cire, etc. ; 5o le calendrier des travaux et des soins de chaque mois ; 6o le compte rendu des séances mensuelles de la *Société d'apiculture* (1); 7° une revue du cours des produits des abeilles, miel et cire, tant sur la place de Paris que dans les autres localités de consommation et de production.

Les principaux collaborateurs de l'*Apiculteur* sont : MM. Buzairies, secrétaire du comice agricole de Limoux ; l'abbé Bouquet, auteur de la *Culture des abeilles ;* V. Bourrit, pasteur; A. Collin, chanoine à Nancy, auteur du *Guide du propriétaire d'abeilles ;* Dzierzon; Jules Greslot, auteur de l'*Apiculture perfectionnée* ; Bernard de Gélieu ; D. Huillon ; Kanden ; Kleine; Kinby; Langstroth; Schmit, etc.

Le prix de l'abonnement est de 6 fr. par an. L'année commence en octobree t forme un volume de 400 pages avec figures. — Les années parues, brochées en volume, coûtent 3 fr. 50 chacune aux abonnées. — Le moyen le plus simple de s'abonner consiste à adresser un mandat de poste à l'ordre de M. Hamet, directeur, rue Saint-Victor, 67, à Paris.

(1) La *Société économique d'Apiculture*, fondée à Paris en 1856, a pour but d'améliorer et d'étendre la culture des abeilles, en vulgarisant les méthodes les plus rationnelles en encourageant et en propageant les inventions et les perfectionnements apiculturaux les plus avantageux ; en neutralisant, par l'expérience et de saines données, les théories et les pratiques défectueuses, telles que l'étouffage.

La Société ouvre des concours et fait tous les 2 ans une exposition des prodnits des abeilles et des instruments apicoles perfectionnés, ruches et accessoires. La première exposition a eu lieu en 1859, dans la grande Orangerie du Luxembourg, du 15 au 25 août. Près de cent récompenses ont été accordées, se composant de médailles de 1re, de 2e et de 3e classe, et de mentions honorables. — Tous les possesseurs d'abeilles peuvent concourir.

Le Bureau de la Société est constitué de la manière suivante : Le général marquis d'Hautpoul, grand réferendaire du Senat, *président d'honneur ;* M. Moquin-Tandon, *président;* M. Guérin-Méneville *président adjoint ;* MM. Joigneaux, Vte de Liesville, d'Henricy et Carcenac, *vice-présidents ;* M. Hamet, *secrétaire général ;* MM. Richard et Délinotte, *secrétaires;* M. Gauthier, *trésorier archiviste*; MM. Ch. Lemor et J. Valserres, *assesseurs.*

Nota. — Le diplôme de membre de la Société coûte 3 fr. et 3 fr. 50 c. adressé par la poste. — Tout apiculteur peut l'obtenir, en en faisant la demande au Secrétariat, rue Saint-victor, 67.

INSTRUMENTS APICOLES PERFECTIONNÉS

Qu'on trouve à l'administration de *l'Apiculteur,* **rue St-Victor, 67.**

Ruche Lombard-Radouan, belle façon.	4	75
Ruche à calotte normande.	3	50
— Le cent, prises en gare du chemin de fer dans le Calvados.	190	»
— Corps de ruche seul, à Caen.	110	»
Ruche à cabochon, façon des Vosges.	4	50
Corps de ruche seul.	2	75
Cabochon (chapiteau).	1	25
Ruche à hausses en paille (2 hausses et chapiteau).	5	»
— à 3 hausses dito sans chapiteau.	6	»
— à 3 hausses avec chapiteau.	7	»
Ruche à hausses en bois, 3 hausses ordinaires.	7	»
— Façon soignée, 3 ou 4 hausses, de 14 à.	20	»
Ruche à feuillet de Huber de 20 à.	25	»
Ruche de Gélieu de 10 à.	18	»
Ruche d'observation, à cadres mobiles, système Hamet, de 45 à.	50	»
Aiguilles à coudre les ruches en paille, 10 cent. pièces, la douz.	0	75
Cératôme, couteau recourbé à extraire les rayons.	3	50
Couteau à lame pliante.	2	75
Spatule couteau.	1	25
Camail ordinaire (masque) non garni.	1	50
— Garni.	3	»
Camail avec oreillettes non garni.	2	60
— Garni.	3	75
Camail avec oreillettes et rebord non garni.	2	85
— Garni.	4	25
Canevas à presser la cire, selon force et largeur, le mètre de 3 à.	7	»
Enfumoir en tôle	3	50
Moule pour couler la cire en brique.	2	50
Nourrisseur en grès, de 25 centimes à.	0	35
Toile à transporter les abeilles.	1	50

On procure en outre : presse, chaudière, épurateur, pots à miel ; métier à façonner les ruches en paille, tablettes, etc., etc. L'administration du journal se charge aussi de la vente et de l'achat de miel, cire, abeilles, moyennant une commission de 2 pour cent.

COURS PRATIQUE D'APICULTURE

Professé au jardin du Luxembourg (1)

— PAR M. H. HAMET. —

Deuxième édition.

L'ouvrage est divisé en 16 leçons et forme un volume in-18 jésus de près de 350 pages, avec 115 figures intercalées dans le texte, représentant les différents systèmes de ruches et les appareils apicoles les plus en usage. Composé en caractères compactes, ce livre renferme la matière d'un volume in-8°. C'est le *Traité* le plus pratique et le plus complet qui ait été publié sur les abeilles.

PRIX : 3 FRANCS.

En envoyant un mandat de poste à l'auteur, rue Saint-Victor, 67, à Paris, *le volume est adressé* franco *au demandeur*.

(1) Le cours d'apiculture a lieu au Rucher expérimental, deux fois par semaine : le mercredi et le samedi, à 8 heures et demie du matin, du 1er avril au 1er juin. — Il est public et gratuit.

OUVRAGES DU MÊME :

Petit traité d'Apiculture, ou art de soigner les mouches à miel. Un vol. in-18, avec 30 figures intercalées dans le texte ; prix : 60 c., *franco* (3 timbres-poste de 20 centimes).

De l'asphyxie momentanée des abeilles, et des différents moyens de réunir les colonies (nouvelle édition de l'*Anesthésie*). Sous presse.

Tableau d'Apiculture, contenant environ 100 figures représentant tous les systèmes de ruches, avec texte ; prix 2 fr. — La poste ne se charge pas de son envoi, à moins de le plier, ce qui l'abîme un peu.

Calendrier apicole, Almanach des cultivateurs d'abeilles, contenant : ce qu'il y a dans une ruchée d'abeilles ; les meilleures ruches ; travaux apicoles de l'an ée façonnement des produits des abeilles, etc., avec la collaboration de M. l'abbé Collin. 1 vol. de 108 pages, avec figures ; prix : 50 cent.

Petit traité de sériciculture, avec figures. Prix : 50 cent.

ABEILLES JAUNES DES ALPES ITALIENNES.

Espèce dont les qualités sont supérieures à celles de notre abeille commune.

Depuis le mois de mai jusqu'au mois d'octobre, on fournit aux amateurs des mères fécondées de l'abeille jaune à 10 fr. pièce, expédiée franco.

Essaim d'abeilles jaunes, de 20 à 30 fr.

Colonies bien approvisionnées, en octobre et en mars, de 35 à 40 fr.

Accompagner les demandes d'un mandat de poste. — Bureaux de l'Apiculteur.

Paris. — Imp. de E. DONNAUD, rue Cassette, 9.

www.ingramcontent.com/pod-product-compliance
Ingram Content Group UK Ltd.
Pitfield, Milton Keynes, MK11 3LW, UK
UKHW022120260726
13993UKWH00003B/1139

9 782329 277226